好玩的数学

（修订版）

国家科学技术进步奖二等奖获奖丛书
总署"向全国青少年推荐的百种优秀图书"
科学时报杯"科学普及与科学文化最佳丛书奖"

张景中 主编

# 乐在其中的数学

谈祥柏 著

科学出版社
北京

## 内 容 简 介

作者尽了很大努力，企图将世界闻名的马丁·伽德纳的趣味数学与乔治·波利亚的发现技巧熔为一炉，尽可能将所有题材中国化、本土化，用行云流水的科学小品风格来拨动读者的心弦，引起读者的共鸣。

全书分10个方面，就数与形、逻辑、游戏、古今名题、概率运筹、循环回归、映射反演、文学艺术、书法建筑等，一幕又一幕地尘埃落定，展开了万花筒般的数学画卷。

**图书在版编目（CIP）数据**

乐在其中的数学/谈祥柏著．—修订本．—北京：科学出版社，2015.3

（好玩的数学/张景中主编）

ISBN 978-7-03-043573-6

Ⅰ.①乐…　Ⅱ.①谈…　Ⅲ.①数学—普及读物　Ⅳ.①O1-49

中国版本图书馆CIP数据核字（2015）第044250号

责任编辑：李　敏　霍羽升／责任校对：邹慧卿

责任印制：吴兆东／整体设计：黄华斌

**科学出版社** 出版

北京东黄城根北街16号

邮政编码：100717

http://www.sciencep.com

北京厚诚则铭印刷科技有限公司印刷

科学出版社发行　各地新华书店经销

*

2015年4月第　三　版　　开本：720×1000　1/16

2025年8月第十三次印刷　　印张：13 3/4

字数：218 000

**定价：58.00元**

（如有印装质量问题，我社负责调换）

# 丛书修订版前言

“好玩的数学”丛书自2004年10月出版以来，受到广大读者欢迎和社会各界的广泛好评，各分册先后重印10余次，平均发行量近45 000套，被认为是一套叫好又叫座的科普图书。丛书致力于多个角度展示了数学的“好玩”，将现代数学和经典数学中许多看似古怪、实则富有深刻哲理的内容最大限度地通俗化，努力使读者“知其然”并“知其所以然”；尽可能地把数学的好玩提升到了更为高雅的层次，让一般读者也能领略数学的博大精深。

丛书于2004年获科学时报杯“科学普及与科学文化最佳丛书奖”，2006年又被国家新闻出版总署列为“向全国青少年推荐的百种优秀图书”之一，2009年荣获“国家科学技术进步奖二等奖”。但对于作者和编者来说，最高的奖励莫过于广大读者的喜爱关心。十年来，收到不少热心读者提出的意见和修改建议，数学研究领域和科普领域也都有了新的发展，大家感到有必要对书中的内容进行更新和补充。要感谢各位在耄耋之年仍俯首案牍、献身科普事业的作者，他们热心负责地对自己的作品进一步加工，在“好玩的数学(普及版)”的基础上进行了修订和完善。出版社借此机会将丛书改为B5开本，以方便读者阅读。

感谢多年来关心本套丛书的广大读者和各界人士，欢迎大家提出批评建议，共同促进科普事业繁荣发展。

编　者

2015年3月

# 第一版总序

2002 年 8 月在北京举行国际数学家大会(ICM2002)期间,91 岁高龄的数学大师陈省身先生为少年儿童题词,写下了“数学好玩”4 个大字。

数学真的好玩吗?不同的人可能有不同的看法。

有人会说,陈省身先生认为数学好玩,因为他是数学大师,他懂数学的奥妙。对于我们凡夫俗子来说,数学枯燥,数学难懂,数学一点也不好玩。

其实,陈省身从十几岁就觉得数学好玩。正因为觉得数学好玩,才兴致勃勃地玩个不停,才玩成了数学大师。并不是成了大师才说好玩。

所以,小孩子也可能觉得数学好玩。

当然,中学生或小学生能够体会到的数学好玩,和数学家所感受到的数学好玩,是有所不同的。好比象棋,刚入门的棋手觉得有趣,国手大师也觉得有趣,但对于具体一步棋的奥妙和其中的趣味,理解的程度却大不相同。

世界上好玩的事物,很多要有了感受体验才能食髓知味。有酒仙之称的诗人李白写道:“但得此中味,勿为醒者传。”不喝酒的人是很难理解酒中乐趣的。

但数学与酒不同。数学无所不在。每个人或多或少地要用到数学,要接触数学,或多或少地能理解一些数学。

早在 2000 多年前,人们就认识到数的重要。中国古代哲学家老子在《道德经》中说:“道生一,一生二,二生三,三生万物。”古希腊毕达哥拉斯学派的思想家菲洛劳斯说得更加确定有力:“庞大、万能和完美无缺是数字的力量所在,它是人类生活的开始和主宰者，是一切事物的参与者。没有数字，一切都是混乱和黑暗的。”

既然数是一切事物的参与者，数学当然就无所不在了。

在很多有趣的活动中，数学是幕后的策划者，是游戏规则的制定者。

玩七巧板，玩九连环，玩华容道，不少人玩起来乐而不倦。玩的人不一定知道，所玩的其实是数学。这套丛书里，吴鹤龄先生编著的《七巧板、九连环和华容道——中国古典智力游戏三绝》一书，讲了这些智力游戏中蕴含的数学问题和数学道理，说古论今，引人入胜。丛书编者应读者要求，还收入了吴先生的另一本备受大家欢迎的《幻方及其他——娱乐数学经典名题》，该书题材广泛、内容有趣，能使人在游戏中启迪思想、开阔视野，锻炼思维能力。丛书的其他各册，内容也时有涉及数学游戏。游戏就是玩。把数学游戏作为丛书的重要部分，是“好玩的数学”题中应有之义。

数学的好玩之处，并不限于数学游戏。数学中有些极具实用意义的内容，包含了深刻的奥妙，发人深思，使人惊讶。比如，以数学家欧拉命名的一个公式

$$e^{2\pi i}=1$$

这里指数中用到的 π，就是大家熟悉的圆周率，即圆的周长和直径的比值，它是数学中最重要的一个常数。数学中第 2 个重要的常数，就是上面等式中左端出现的 e，它也是一个无理数，是自然对数的底，近似值为 2.718281828459…。指数中用到的另一个数 i，就是虚数单位，它的平方等于－1。谁能想到，这 3 个出身大不相同的数，能被这样一个简洁的等式联系在一起呢？丛书中，陈仁政老师编著的《说不尽的π》和《不可思议的 e》(此二书尚无学生版——编者注)，分别详尽地说明了这两个奇妙的数的来历、有关的轶事趣谈和人类认识它们的漫长的过程。其材料的丰富详尽，论述的清

楚确切，在我所知的中外有关书籍中，无出其右者。

如果你对上面等式中的虚数i的来历有兴趣，不妨翻一翻王树和教授为本丛书所写的《数学演义》的“第十五回 三次方程闹剧获得公式解 神医卡丹内疚难舍诡辩量”。这本章回体的数学史读物，可谓通而不俗、深入浅出。王树和教授把数学史上的大事趣事憾事，像说评书一样，向我们娓娓道来，使我们时而惊讶、时而叹息、时而感奋，引来无穷怀念遐想。数学好玩，人类探索数学的曲折故事何尝不好玩呢？光看看这本书的对联形式的四十回的标题，就够过把瘾了。王教授还为丛书写了一本《数学聊斋》(此次学生版出版时，王教授对原《数学聊斋》一书进行了仔细修订后，将其拆分为《数学聊斋》与《数学志异》二书——编者注)，把现代数学和经典数学中许多看似古怪而实则富有思想哲理的内容，像《聊斋》讲鬼说狐一样最大限度地大众化，努力使读者不但“知其然”而且“知其所以然”。在这里，数学的好玩，已经到了相当高雅的层次了。

谈祥柏先生是几代数学爱好者都熟悉的老科普作家，大量的数学科普作品早已脍炙人口。他为丛书所写的《乐在其中的数学》，很可能是他的封笔之作。此书吸取了美国著名数学科普大师伽德纳25年中作品的精华，结合中国国情精心改编，内容新颖、风格多变、雅俗共赏。相信读者看了必能乐在其中。

易南轩老师所写的《数学美拾趣》一书，自2002年初版以来，获得读者广泛好评。该书以流畅的文笔，围绕一些有趣的数学内容进行了纵横知识面的联系与扩展，足以开阔眼界、拓广思维。读者群中有理科和文科的师生，不但有数学爱好者，也有文学艺术的爱好者。该书出版不久即脱销，有一些读者索书而未能如愿。这次作者在原书基础上进行了较大的修订和补充，列入丛书，希望能满足这些读者的心愿。

世界上有些事物的变化，有确定的因果关系。但也有着大量的随机现象。一局象棋的胜负得失，一步一步地分析起来，因果关系是清楚的。一盘麻将的输赢，却包含了很多难以预料的偶然因素，即随机性。有趣的是，数学不但长于表达处理确定的因果关系，而且也能表达处理被偶然因素支配的随机现象，从偶然中发现规律。孙荣恒先生的《趣味随机问题》一书，向我们展示出概率论、数理统计、随机过程这些数学分支中许多好玩的、有用的和新颖的问题。其中既有经典趣题，如赌徒输光定理，也有近年来发展的新的方法。

中国古代数学，体现出算法化的优秀数学思想，曾一度辉煌。回顾一下中国古算中的名题趣事，有助于了解历史文化，振奋民族精神，学习逻辑分析方法，发展空间想像能力。郁祖权先生为丛书所著的《中国古算解趣》，诗、词、书、画、数五术俱有，以通俗艺术的形式介绍韩信点兵、苏武牧羊、李白沽酒等40余个中国古算名题；以题说法，讲解我国古代很有影响的一些数学方法；以法传知，叙述这些算法的历史背景和实际应用，并对相关的中算典籍、著名数学家的生平及其贡献做了简要介绍，的确是青少年的好读物。

读一读《好玩的数学》，玩一玩数学，是消闲娱乐，又是学习思考。有些看来已经解决的小问题，再多想想，往往有“柳暗花明又一村”的感觉。

举两个例子：

《中国古算解趣》第37节，讲了一个“三翁垂钓”的题目。与此题类似，有个“五猴分桃”的趣题在世界上广泛流传。著名物理学家、诺贝尔奖获得者李政道教授访问中国科学技术大学时，曾用此题考问中国科学技术大学少年班的学生，无人能答。这个问题，据说是由大物理学家狄拉克提出的，许多人尝试着做过，包括狄拉克本人在内都没有找到很简便的解法。李政道教授说，著名数理逻辑学家和哲学家怀德海曾用高阶差分方程理论中通解和特解的关系，给出一个巧妙的解法。其实，仔细想想，有一个十分简单有趣的解法，小学生都不难理解。

原题是这样的：5 只猴子一起摘了 1 堆桃子，因为太累了，它们商量决定，先睡一觉再分。

过了不知多久，来了 1 只猴子，它见别的猴子没来，便将这 1 堆桃子平均分成 5 份，结果多了 1 个，就将多的这个吃了，拿走其中的 1 堆。又过了不知多久，第 2 只猴子来了，它不知道有 1 个同伴已经来过，还以为自己是第 1 个到的呢，于是将地上的桃子堆起来，平均分成 5 份，发现也多了 1 个，同样吃了这 1 个，拿走其中的 1 堆。第 3 只、第 4 只、第 5 只猴子都是这样……问这 5 只猴子至少摘了多少个桃子？第 5 个猴子走后还剩多少个桃子？

思路和解法：题目难在每次分都多 1 个桃子，实际上可以理解为少 4 个，先借给它们 4 个再分。

好玩的是，桃子尽管多了 4 个，每个猴子得到的桃子并不会增多，当然也不会减少。这样，每次都刚好均分成 5 堆，就容易算了。

想得快的一下就看出，桃子增加 4 个以后，能够被 5 的 5 次方整除，所以至少是 3125 个。把借的 4 个桃子还了，可知 5 只猴子至少摘了 3121 个桃子。

容易算出，最后剩下至少 1024－4＝1020 个桃子。

细细地算，就是：

设这 1 堆桃子至少有 $x$ 个，借给它们 4 个，成为 $x+4$ 个。

5 个猴子分别拿了 $a$，$b$，$c$，$d$，$e$ 个桃子（其中包括吃掉的一个），则可得

$$a=(x+4)/5$$

$$b=4(x+4)/25$$

$$c=16\ (x+4)/125$$

$$d=64\ (x+4)/625$$

$$e=256\ (x+4)/3125$$

$e$ 应为整数，而 256 不能被 5 整除，所以 $x+4$ 应是 3125 的倍数，所以

$$x+4=3125k\ (k\text{ 取自然数})$$

当 $k=1$ 时，$x=3121$

答案是，这 5 个猴子至少摘了 3121 个桃子。

这种解法，其实就是动力系统研究中常用的相似变换法，也是数学方法论研究中特别看重的“映射 - 反演”法。小中见大，也是数学好玩之处。

在《说不尽的 π》的 5.3 节，谈到了祖冲之的密率 355/113。这个密率的妙处，在于它的分母不大而精确度很高。在所有分母不超过 113 的分数当中，和 π 最接近的就是 355/113。不但如此，华罗庚在《数论导引》中用丢番图理论证明，在所有分母不超过 336 的分数当中，和 π 最接近的还是 355/113。后来，在夏道行教授所著《π 和 e》一书中，用连分数的方法证明，在所有分母不超过 8000 的分数当中，和 π 最接近的仍然是 355/113，大大改进了 336 这个界限。有趣的是，只用初中里学的不等式的知识，竟能把 8000 这个界限提高到 16500 以上！

根据 $\pi=3.1415926535897\cdots$，可得 $|355/113-\pi|<0.0000026677$，如果有个分数 $q/p$ 比 355/113 更接近 π，一定会有

$$|355/113-q/p|<2\times0.0000026677$$

也就是

$$|355p-113q|/113p<2\times0.0000026677$$

因为 $q/p$ 不等于 355/113，所以 $|355p-113q|$ 不是 0。

但它是正整数，大于或等于1，所以

$$1/113p<2\times 0.00000026677$$

由此推出

$$p>1/(113\times 2\times 0.00000026677)>16586$$

这表明，如果有个分数 $q/p$ 比 355/113 更接近 $\pi$，其分母 $p$ 一定大于 16586。

如此简单初等的推理得到这样好的成绩，可谓鸡刀宰牛。

数学问题的解决，常有“出乎意料之外，在乎情理之中”的情形。

在《数学美拾趣》的 22 章，提到了“生锈圆规”作图问题，也就是用半径固定的圆规作图的问题。这个问题出现得很早，历史上著名的画家达·芬奇也研究过这个问题。直到 20 世纪，一些基本的作图，例如已知线段的两端点求作中点的问题（线段可没有给出来），都没有答案。有些人认为用生锈圆规作中点是不可能的。到了 20 世纪 80 年代，在规尺作图问题上从来没有过贡献的中国人，不但解决了中点问题和另一个未解决问题，还意外地证明了从 2 点出发作图时生锈圆规的能力和普通规尺是等价的。那么，从 3 点出发作图时生锈圆规的能力又如何呢？这是尚未解决的问题。

开始提到，数学的好玩有不同的层次和境界。数学大师看到的好玩之处和小学生看到的好玩之处会有所不同。就这套丛书而言，不同的读者也会从其中得到不同的乐趣和益处。可以当做休闲娱乐小品随便翻翻，有助于排遣工作疲劳、俗事烦恼；可以作为教师参考资料，有助于活跃课堂气氛、启迪学生心智；可以作为学生课外读物，有助于开阔眼界、增长知识、锻炼逻辑思维能力。即使对于数学修养比较高的大学生、研究生甚至数学研究工作者，也会开卷有益。数学大师华罗庚提倡“小敌不侮”，上面提到的两个小题目都有名家做过。丛书中这类好玩的小问题比比皆是，说不定有心人还能从中挖出宝矿，有所斩获呢。

啰嗦不少了，打住吧。谨以此序祝《好玩的数学》丛书成功。

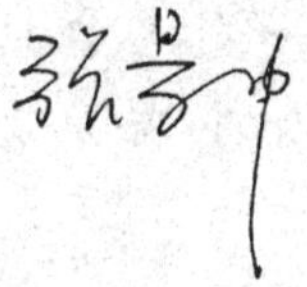

2004年9月9日

# 前 言

数学家的模式，就像画家与诗人的一样，必须是美的；数学概念同油彩或语言文字一样，必须非常协调。

——G. H. 哈代

有不少学者认为，大自然这部伟大的天书，也许是用数学语言来写的。有史以来，古今中外的工农大众与才智之士齐心协力，将自然界的千姿百态整理加工，逐步形成了一种理性的美——数学美。精确、有序、对称、协调、和谐、统一、循环、往复、均衡、回归、平凡、奇异……甚至混沌也是一种非凡的美。可以毫不夸张地说，数学是打开科学宝库的一把万能钥匙。社会的发展，科技的进步，揭开生命的奥秘，乃至向宇宙空间的移民，样样都离不开数学。

但是，以上种种赞美之辞，并不意味着数学家可以自我陶醉。由于它的枯涩语言、冷峻的定义与公式、怪里怪气的符号、艰深与乏味的证明，人们责备数学像一堵高墙，把它和外部世界隔绝了。高墙里面究竟在干些什么，外行人是感到非常神秘的。人们猜想，那不过是一些枯燥乏味的数字，受着生吞活剥的法则的支配，毫无生气，亘古不变，只有极少数铁石心肠的人才有兴趣加以研究。另外，这座高墙也大大限制了大墙里面的人的视野，他们往往自鸣得意，漠视群众的智慧，故步自封，墨守成规，不愿走出象牙塔。正是由于数学太重要了，它必须义无反顾地向广大公众传播和普及，才能取得社会的理解与支持。

法国大数学家帕斯卡早就深有体会，他曾一针见血地指出："数学这一学科是如此的严肃，我们应当千方百计地把它趣味化。"还可以举出牛顿、欧拉、费马、拉普拉斯、哈密顿、伽罗瓦、庞加莱等大数学家的名言来说明趣味数学对启迪智慧、促进发明的作用。

作为人类心灵创造物的数学，如果去掉它的功利主义外衣，应该同文学、艺术有相通之处，可以截长补短、互为表里。明朝的小品文很有特色，足以与汉赋、唐诗、宋词、元曲并驾齐驱。小品文大师袁中郎先生有过一段非常精辟的话："世人所难得者唯趣。趣如山上之色、水中之味、花中之光、女中之态，虽善说者不能下一语，唯会心者知之。"

研究趣味数学有极大的乐趣，犹如李太白的吟诗、莫扎特的作曲、郑板桥的书法、恽南田的没骨花卉，乃至高其佩的指头画、民间艺人的剪纸……推而广之，围棋、象棋是否存在必胜策略，魔方怎样用最少步数使它六面还原，这些问题的难度极大，非短期所能解决，但其本质仍属于数学的范畴。

数学家实际上是一个着迷者，不迷恋就不会有创新。凡是读过印度的"知无涯者"拉马努金（印度的"国宝"）以及匈牙利的"数字情种"埃尔德什生平传记的人，都将对此深信不疑，他们无怨无悔，人越穷而志越坚，把一生都奉献给了数学。

趣味数学题材广泛，几乎涉及一切领域。还应指出，在严肃数学与趣味数学之间并不存在一道泾渭分明的鸿沟。许多微分方程存在着奇异解，它们是不能从通解中得出的。时空奇点有助于解释"黑洞"与"白洞"，也许正是宇宙航行的一条"终南捷径"。早在20世纪50年代中叶，美国著名数学科普大师马丁·伽德纳便在《科学美国人》杂志中撰写了非常有特色的专栏文章。伽德纳先生以其生花妙笔、趣味隽永的妙文凸现了数学的艺术本性，伽德纳先生的高明之处正在这里。说到底，艺术是让自己开心，也让别人开心的一种活动。他数十年如一日，把许多门外汉引进了数学的殿堂。另外，各国都有一些趣味数学名家，我也从英、日、德、法、俄等语种的出版物与光、电传媒中汲取了不少营养，全国各地的出版社编辑、广大师生与数学爱好者也给了我很大的鼓舞与帮助，谨在此表示深切感谢。

本书自2005年问世以来，业已重印多次，颇受读者欢迎。此次又去芜存菁，删去了一些比较次要和起点较高、越出范围的题材和内容，但还是保存了最有特色的内容，并未有所削弱。

笔者曾于1989年谒见数学大师陈省身先生，亲聆教诲，受益匪浅。谨在此祝愿《好玩的数学》丛书成功，整个数学教育事业发扬光大，后继有人。

谈祥柏

2008年3月23日复活节*

* 春分月圆后的第一个星期日为复活节，这也是一个极为有趣的数学问题

# 目　录

# 01 古算题·逻辑·游戏·竞赛

## 1.1 阶下之囚

“我真发愁，”监狱看守员说，“警察帕金斯留了个条子说，昨天晚上他逮捕了两个牧师打扮的流氓。但我今早上班时却发现一共有三个牧师打扮的人，现在看来其中有一名是个真正的牧师，他是前来探望两个误入歧途的‘羔羊’的。问题是我现在分不清谁真谁假了。”

“这有何难？想办法问问他们嘛，”警官建议，“真人不说假话，真正的牧师一定是讲真话的。”

“你说得倒不错，但我也许正好问到那个骗子呢？帕金斯说过，这家伙是个撒谎老手，从来不讲真话。而那个赌棍则是个见风使舵的角色，他说起话来，时真时假，要看形势对他是否有利而定。”

警官走到单人牢房前。

“你是谁？”他问一号牢房里的囚犯。

“我是赌棍。”其人答道。警官又走到二号牢房前问：

“一号牢房里关着的那个人是谁？”

“骗子！”

警官又问三号牢房里的人：“你说一号牢房里的那人是谁？”

三号牢房里的人答道：“牧师。”

警官转身对看守员说：“很明显，你应该释放……”

该放谁？

本题有许多解法，最直截了当的是，相信二号牢房囚犯的回答，他说的是真话，于是所有的说法就都是相容与无矛盾的，答案如下：

骗子关在一号牢房，

牧师关在二号牢房，

赌棍关在三号牢房。

逻辑趣题总是有着无穷的魅力，历来受到读者的喜爱。本文是根据美国著名作家巴纳德的一本畅销书译出的，原文写得非常诙谐有趣，令人喷饭。多看这类作品，不但可以提高自己的智商，而且能写出一手漂亮而流利的英语，幽默大师兼英文专家林语堂先生就特别赞赏这种英、汉对照的做法，但为了保持本书前后体例一致与节省篇幅，此处就不刊出英文的原作了。

## 1.2 悟空拜师

唐僧收服孙悟空，是他到西天取经路上所干下的第一桩大事。如果没有这位神通广大的“齐天大圣”做他的大徒弟，也许他早就被妖怪们煮熟了当肉吃哩！

《西游记》里说，猎户刘伯钦，绰号镇山太保，恭送唐三藏到了大唐与鞑靼国的边境两界山，正在难舍难分、叮咛拜别之时，只听得山脚下叫喊如雷：“我师父来也！我师父来也！”吓得唐僧胆战心惊。

伯钦道：“这叫的必定是那山脚下石盒中的老猿。”三藏追问：“是什么老猿？”伯钦道：“这山旧名五行山，因我大唐皇帝征西，改名两界山。从前曾听到老人家说，王莽篡汉之时，天降此山，下面压着一只神猴，不怕寒暑，不吃饮食，自有土地神监押，教它饥餐铁丸，渴饮铜汁。自昔到今，冻饿不死。长老莫怕，我们下山去看看。”走了几里路，果然那石匣之下，有一只猴子露着头，胡乱招手道：“师父，你怎么此时才来。来得好！来得好！救我出来，我好保你上西天去也！”

唐僧上前细看，这猴果然浑身仙气，尖嘴缩腮，金睛火眼，便问道：“你是何人？为何关在这里？压在这里多少年了？”那猴回答：“我是齐天大圣孙悟空，只因大闹天宫犯了欺君大罪，被如来佛祖压于此处。前些日子观音菩萨叫我在此等候师父救我脱身，我愿拜您为师，保您到西天取经。至于压我多少年了，只记得早已超过了六百年。”唐僧一听此言，忽然动了好奇心，便追问它压在山下的确切年数。

那猴儿把眼睛眨巴眨巴，调皮地说：“小徒请师父计算一下：

那年头呀：说来倒是真巧！此数若用 3 除，余数为 1；用 5 除时，余数也是 1；用 7 除时，余数偏偏仍旧是 1。只要师父掐指一算，这个准确数字就出来了。”

正好当时伯钦也在跟唐僧学算术，于是唐三藏就先让他来试上一试。伯钦想，这是一个很现成的题目，调皮的猴头可难不倒我哩。不是有一首很有名的“韩信点兵”歌诀吗，它一共有四句：

三人同行七十稀，五树梅花廿一支；

七子团圆正半月，除百零五便得知。

用它来解决除数为 3、5、7 的问题可以迎刃而解，这就是说，只要用以 3 除所得的余数去乘 70，以 5 除所得的余数去乘 21，以 7 除所得的余数去乘 15，把这三个乘积加起来，所得之和或加上、减去 105 的整数倍就可以得出符合题意的答数。

于是他写出算式

$$1\times70+1\times21+1\times15=106$$

$$106+5\times105=106+525=631$$

他得意洋洋地向唐僧汇报，孙悟空被压在五行山下，到此正好是 631 年。

谁知唐僧却批评他这种解法很笨拙，只知死套公式，不会灵活运用。他说：“好比是看菜吃饭，量体裁衣，做题目也是这样，能取巧的地方就尽量取巧。否则，要被孙猴子讥笑的。你不去想想，用 3、5、7 这三个除数去除时，余数统统都是 1。非常明显，满足题意的最小自然数就是 1。因为，商数统统可以看成是零啊！这样一来，再加上 3、5、7 的最小公倍数 105 的整数倍，直到它超过 600，答数不是就自动露头了吗？”

$$1+105\times6=1+630=631$$

唐三藏揭去了金字封条，只听得一声山崩地裂之响，悟空得救而出。三藏收了第一个徒弟，取名行者。师徒两人，别了伯钦，走上了西天取经的大路。

这里值得补充一句的是：唐僧取经是在唐太宗李世民贞观十三年（公元 639 年），而王莽篡位的那年是公元 8 年，两者相减，639－8＝631；所以并不是我们有意要改变数据，把题目改得比较容易，而是自然而然的巧合！

《西游记》由于长期流传，辗转抄写，所以书中也不可避免地有些错误。这一桩故事，有些抄本上说是孙猴子被压五百年，但是“真本”《西游记》书上，却明确说的是六百年，所以读者必须考证精确，才不至于以讹传讹。

## 1.3 金角、银边、草肚皮——关于围棋与数学的趣谈

围棋界有句口头禅：“金角、银边、草肚皮。”意为首先抢占棋盘角上的位置，那里最容易盘活。其次考虑在棋盘上靠边的部位布阵，那里也容易生根立足。至于棋盘的腹部呢？四面不靠，正是兵家所谓的“四战之地”，很容易被包围吃掉（图 1-1）。

图 1-1

中国古代著名学者、《梦溪笔谈》的作者沈括曾经研究过棋局，他根据棋盘上每一点都有黑、白、空三种可能，而围棋盘上共有 $19 \times 19 = 361$ 点，所以可能产生的不同局势总数共有 $3^{361}$ 种（实际上应该是 $3^{361} - 1$，想一想，这是为什么）。

$3^{361}$ 这个数字究竟有多么大呢？用常用对数来估算一下，就可以知道

$$3^{361} > 1.72 \times 10^{172}$$

这个数字之大，一般人想象不出。假定全世界的 66 亿人口不论男女老幼都来下围棋，每人每天下一局，要下完 $1.72 \times 10^{172}$ 局棋，就得花费 $1.72 \times 10^{159}$ 年，然而目前推算出来的宇宙年龄也才不过 200 亿年，即 $2 \times 10^{10}$ 年。即使从开天辟地的第一天就下围棋，到如今也才下了全

部局数的亿亿亿分之一。

如果再从运筹学的角度来考虑，围棋的变化就更加惊人了。在19×19的棋盘上，下第一子的人可以有361种选择机会，接着的人就只有360种选择机会，依次递减，全部变化将达361×360×359×…×2×1=361!，称为361的阶乘（阶乘指从1开始的$n$个自然数连乘，记作“$n!$”）。

$3^{361}$与361！比起来，真是小巫见大巫。用数学方法可以大致估量出361！$>1.43\times10^{768}$。目前世界上最快速的电子计算机，每秒可做2500亿次运算，而一年有365×24×60×60=31536000秒，即使动用这种超高速计算机，也需要$1.81\times10^{749}$年。宇宙的年龄与之相比，简直是沧海一粟了！

迄今为止，用数学方法对围棋作定性、定量的研究仍很肤浅，甚至可以说还没有真正起步。因为，围棋的本质决定了它只能用“离散数学”的办法加以探讨，至于以“极限”、“无穷小”为基石的微积分之类高等数学统统都用不上。

由当代三位第一流数学家合编的对策论巨著《稳操胜券》，几乎囊括了古今中外一切智力玩具与游戏的获胜原理与最优着法，即便是此书，对有名的围棋也未涉及一字。有人戏言，找出围棋的最优解，似比人类攻克癌症或者在火星和金星上建造永久定居点还要困难得多，这或许不是夸大其词吧！

## 1.4 路路通

“四四呈奇”是历史上有名的数学趣题，中、外数学名家们都曾加以研究，其中有英国剑桥大学罗斯鲍尔教授，美国数学科普大师马丁·伽德纳先生，苏联数学家柯尔詹姆斯基，中国数学会第一届理事，扬州中学数学教师陈怀书先生，西北工业大学姜长英教授，著名数学教育家许莼舫先生等。用加、减、乘、除、括号、小数点、循环节、根号、阶乘以及数字的并列等符号，连接四个4，可以组成从1到100以上的各个自然数。

各位前辈学者的办法各不相同，有繁有简，大异其趣，真是“八仙过海”，各显神通。

以下 12 个式子，是许莼舫先生的办法

$$\left(\frac{4}{4}\right)^{4-4}=1, \qquad \frac{4!}{\sqrt{4}}\div\frac{4!}{4}=2$$

$$\frac{4!}{\sqrt{.\dot{4}}}\div\frac{4!}{\sqrt{4}}=3, \qquad \sqrt{4}+4!\div\frac{4!}{\sqrt{4}}=4$$

$$\frac{\sqrt{4}}{.4}\times\frac{4}{4}=5, \qquad \frac{4!}{.4}\div\frac{4}{.4}=6$$

$$\frac{4!+4}{\sqrt{4\times4}}=7, \qquad \frac{\sqrt{4}}{.4}+\sqrt{\frac{4!}{.\dot{4}}}=8$$

$$\frac{4!}{\sqrt{4}}-\sqrt{\frac{4}{.\dot{4}}}=9, \qquad \frac{4}{.\dot{4}}+\frac{4}{4}=10$$

$$\frac{4!}{4}+\frac{\sqrt{4}}{.4}=11, \qquad (4+\sqrt{4})(4-\sqrt{4})=12$$

下面再给出马丁·伽德纳的结果，似乎简单得多，然而从另外一个角度讲，也是“仁者见仁，智者见智”，可谓各有千秋

$$1=\frac{44}{44}, \qquad 2=\frac{4}{4}+\frac{4}{4}$$

$$3=\frac{4+4+4}{4}, \qquad 4=4\times(4-4)+4$$

$$5=\frac{(4\times4)+4}{4}, \qquad 6=4+\frac{4+4}{4}$$

$$7=\frac{44}{4}-4, \qquad 8=4+4+4-4$$

$$9=4+4+\frac{4}{4}, \qquad 10=\frac{44-4}{4}$$

$$11=\frac{44}{\sqrt{4}+\sqrt{4}}, \qquad 12=\frac{44+4}{4}$$

当然，伽德纳先生也不是不用复杂解法的。例如，他曾在《科学美国人》数学游戏专栏内，出过一道怪题：“怎样用四个 4 来表示 113 呢?”许多人都被他考住了。能找出正确答案者寥寥无几。

“解铃还需系铃人”，后来伽德纳先生自己给出了答案，那就是

$$\frac{4!}{.\dot{\sqrt{4}}}+\frac{\sqrt{4}}{.4}$$

由于此式比较复杂，让我们稍作计算

$$\text{原式}=\frac{24}{\frac{2}{9}}+\frac{2}{\frac{4}{10}}$$

$$=24\times\frac{9}{2}+\frac{20}{4}$$

$$=108+5=113$$

以上两位专家的研究，虽然是曲尽其妙，但都是就四个 4 来大做文章的，如果我们把题目改一改，用四个 5 或四个 7 来表示 1，2，3，4，…，那又怎么办呢？原来的办法肯定不中用了，非另起炉灶不可。

说到这里，我忽然想起法国著名科幻小说作家儒勒·凡尔纳的名作《八十天环游地球》，那里有一个滑稽丑角路路通，每到危急关头，他便出来济困扶危，排难解纷，助人为乐，起到了“山重水复疑无路，柳暗花明又一村”的作用。

令人欣慰的是，我们真的能够在浩如烟海的苏联出版的、俄文数学文献里找到这些“路路通”的式子，譬如说

$$2=\frac{n}{n}+\frac{n}{n}$$

$$4=\frac{n-.\dot{n}}{.\dot{n}+.\dot{n}}$$

$$7=\frac{n-.\dot{n}-.\dot{n}}{.\dot{n}}$$

$$12=\frac{n+.n+.n}{.n}$$

$$17=\frac{n+n-.\dot{n}}{.\dot{n}}$$

这些式子中的 $n$ 可以取 1，2，3，4，5，6，7，8，9，随便哪一个都行，你相信吗？

不妨就最后一个式子，用 $n=7$ 来验证一下，这时

$$\frac{n+n-.\dot{n}}{.\dot{n}}=\frac{7+7-.\dot{7}}{.7}=\frac{14-\frac{7}{9}}{\frac{7}{9}}$$

$$=\frac{13\frac{2}{9}}{\frac{7}{9}}=\frac{\frac{119}{9}}{\frac{7}{9}}=\frac{119}{7}=17$$

“不怕不识货，只怕货比货”，看来是要让苏联学者棋高一着，力压群英了！

## 1.5　在 $x^2$ 年我有 $x$ 岁

只有贡献最大、成就最突出的学者才能收入《数学大百科全书》，德·摩根便是其中的一个。他是英国人，从剑桥大学毕业后，年仅 22 岁就被破格提升为大学教授，并于 1866 年起出任伦敦数学会的会长。

德·摩根虽然少年得志，但态度和善，平易近人，说起话来也极为风趣。

有人问他：“阁下今年有多大年纪了？”德·摩根笑笑，不正面回答。当时是 19 世纪的某一年，什么今年、明年、后年，他都置若罔闻，避而不谈。

他的答复竟是：到了 $x^2$ 年，我正好是 $x$ 岁。

他究竟是哪一年出生的人呢？有本讲“奥数”的书，解法如下：

根据德·摩根的回答，不难算出，他生于 $x^2-x$ 年，此式可以分解因子，变为

$$x^2-x=x(x-1)$$

当 $x\leqslant 42$ 时，　　　$x(x-1)\leqslant 1722$

当 $x\geqslant 44$ 时，　　　$x(x-1)\leqslant 1892$

作为 19 世纪的数学家，他不可能出生于 1722 年之前，也不可能出生于 1892 年之后，故而 $x=43$，即他出生于 $43\times 42=1806$（年）。

这样的解法，当然不能说它不正确，但既用了因式分解，又用了不等式，说理也很啰嗦，看来是不太高明的。

现在，中、小学生的手上，几乎人人都有一只袖珍计算器，我们知道，在 19 世纪，作为完全平方数的年份，仅仅只有一年，即 $43^2=1849$

(年)，事实上，$44^2=1936$（年）已到了 20 世纪，而 $42^2=1764$（年）则在 18 世纪。既然 1849 年已经求了出来，从此数出发，减去 43，不是马上就算出了他生于 1806 年吗?

$$1849-43=1806$$

根据《数学大百科全书》的记载，德·摩根出生于 1806 年 6 月 27 日，1871 年 3 月 18 日死于伦敦，活了大约 65 岁。

朋友们，你们要善于独立思考，在不少场合，你们自己会找到比现成的书本上更好的解法。

## 1.6 葫芦里卖的什么药

有三只葫芦，每只葫芦里装着两样中药。其中的一只葫芦里装着一块白木耳和一块黑木耳（以下简称黑、白），另一只装的是黑、黑；还有一只装的是白、白。后来，不知什么人把葫芦外面的标签全给贴错了。现在允许你从任何一只葫芦里拿出一块药来，并判定三只葫芦里所装的药材。试问，这种抽取样品的过程至少要进行几次，才能完全搞清楚三只葫芦里所装的各是哪种药?

办法是：只要从贴有“黑、白”那张标签的葫芦里摸出一块药就够了。如果取出的是黑木耳，那么你马上可以判定这只葫芦里的另外一块药也是黑木耳。否则，如果是白木耳的话，标签岂不是贴对了吗? 其次，你立刻就能判断出，贴着“白、白”标签的那只葫芦，它装的药当然不会全部都是白木耳，那么，难道它会装两块黑木耳吗? 肯定也不会，因为，“黑、黑”的情况，上面已经有过了。所以，这只葫芦里装的药，只能是一块黑木耳和一块白木耳。于是，最后剩下来的也只有一种可能性了。即贴着“黑、黑”的那只葫芦，实际上所装的是“白、白”。

如果第一次摸出的是白木耳，也可以仿照上面的办法进行推断。不难发现，其结果是：贴着“黑、白”标签的葫芦，装的乃是“白，白”；贴着“黑、黑”标签的葫芦，装的实际上是“黑、白”；而贴着“白、白”标签的葫芦，实际装的却是“黑、黑”。

不难看出，解这个问题的窍门是事前提供了一个非常重要的信息、已知标签全给贴错了。须知，错误信息也是重要信息，它是不应该随便丢弃或者不予理睬的。

## 1.7　全部角色都登场

现在的电视连续剧中，清朝的题材最多，几乎占了百分之五十以上，其中有许多是拍得很出色的，保持了京剧的真实典故。例如，前不久曾经播出的、收视率一直居高不下的《天下第一丑》，主角刘赶三，历史上确有其人，“同光十三绝”这幅名画，甚至在得到过国家图书奖的插图本《中国通史》上也可以查得到。

生、旦、净、末、丑……或者再加上青衣，是京戏中的各种角色，各唱各的戏，在一出戏中，把他们全部凑集起来赶热闹，看来是很不容易的。

京戏尚且如此，何况数学！然而，天下之大，无奇不有，你先不要把话说绝，且看下面的例子：

请化简繁分式

$$\frac{1}{1-\dfrac{1}{1-\dfrac{1}{1-\sin^2 A}}}$$

样子虽然有点吓人，但我们可以不慌不忙地，用三角恒等变换加以简化

$$\text{原式}=\frac{1}{1-\dfrac{1}{1-\dfrac{1}{\cos^2 A}}}=\frac{1}{1-\dfrac{1}{1-\sec^2 A}}$$

$$=\frac{1}{1-\dfrac{1}{-\tan^2 A}}=\frac{1}{1+\cot^2 A}$$

$$=\frac{1}{\csc^2 A}=\sin^2 A$$

在变化过程中，角 $A$ 的六个三角函数统统粉墨登场，全部一一出现了，忽而上台，忽而下台，令人眼花缭乱，最后答案中又变回到原先出现的正弦函数，真是令人拍案叫绝！

## 1.8　错位的行当

好文章总是令人难以忘怀，即使事隔多年，还是记忆犹新。杂志类

中，发行量稳居榜首的甘肃《读者》杂志在前几年曾刊出过一篇妙文，大意是说美国人什么都敢姓，如刽子手、棺材、魔鬼、狐狸精……他们都不忌讳。美国人口远比中国人口少，却有十几万个“姓”，有的姓只有一个人，祖上可以不姓它，子女也可以不姓它，其人一旦呜呼哀哉，这个姓也就报废了。

建国历史较短，又是一个移民国家，再加上美国的民族性非常幽默，所以在该国的一些老百姓身上，所受的封建传统束缚也相对较少。在社会上，白领和蓝领同样受到尊重，著名印度电影《流浪者》里所说的“龙生龙，凤生凤，贼的儿子会打洞”……形形色色的职业歧视会受到公众的抨击与唾弃。

即便在下面这个流传甚广、颇具特色的数学趣题中也能有所体现：

今有四位先生贝克（Baker，这个英语单词又可解释为“面包师”）、布企（Butcher，别解为“屠夫”）、卡本特（Carpenter，木匠）与泰勒（Tailor，此词另有“裁缝”的意思），奥妙的是，他们各人所从事的职业与其姓氏全然不符；

每位先生各有一子一女，然而儿子们都不继承父业，而且，他们的姓氏与所从事的职业也完全碰不拢。

四位老先生的女儿分别嫁给了四个儿子，可是女方娘家的姓氏同其丈夫与父亲的职业都不吻合。

已知老布企不是面包师，面包师的儿子同布企小姐结了婚，老卡本特的职业同小布企太太的娘家姓氏是同一个英文单词。

要求说出四对父子所干的行当，四个家庭的子女之间，究竟谁同谁是夫妻，你能说清楚吗？

这问题自有一种说不出的潜在魅力，所以大家一碰到它就特别来劲，简直有点“不见不散”的味道。

解决的办法主要是运用四行四列的矩阵方法。已知条件告诉我们，老布企不是面包师，当然他也不会是屠夫，剩下的就有两种可能性，木匠或裁缝了。下面再用归谬法对四对父子逐个排除，详细说起来很啰嗦，但是在矩阵中做起“表上作业法”来却很简便，最后可以得出答案（表 1-1～表 1-3）。

表 1-1

| | 面包师 | 屠夫 | 木匠 | 裁缝 |
|---|---|---|---|---|
| 老贝克 | | √ | | |
| 老布企 | | | √ | |
| 老卡本特 | | | | √ |
| 老泰勒 | √ | | | |

表 1-2

| | 面包师 | 屠夫 | 木匠 | 裁缝 |
|---|---|---|---|---|
| 小贝克 | | | | √ |
| 小布企 | √ | | | |
| 小卡本特 | | √ | | |
| 小泰勒 | | | √ | |

表 1-3

| 配偶关系 | 贝克小姐 | 布企小姐 | 卡本特小姐 | 泰勒小姐 |
|---|---|---|---|---|
| 小贝克 | | | √ | |
| 小布企 | | | | √ |
| 小卡本特 | √ | | | |
| 小泰勒 | | √ | | |

最后的答案使我们大吃一惊，令人想起了四阶完全幻方中的折断对角线，冥冥中若合符契，但它们却是完全风马牛不相及的事物！

可以检验，矩阵中所有的元素都是相容的，其间不存在矛盾。

## 1.9 巧猜年龄与口袋里的钱

让我们来做个游戏，我能猜出你今年几岁，口袋里有多少零钱（零钱不超过 10 元），你说怪不怪？

你可能不相信，现在让我试试看。把你的年龄乘以 2，加上 5，把所得之数再乘以 50，加上你口袋里的零钱数（要以“角”为单位），再减去一年（平年）的天数，然后把最后的答数告诉我。

你可能要说，“如果不是我真正的年龄，随便想一个数行不行？”

“当然可以。”

有个孩子想：他的叔叔今年正好35岁，他口袋里的零钱有7元6角，从这两个数字出发，按照上面的算法，相继得到以下的一系列数字

$$35\times2=70,\ 70+5=75$$
$$75\times50=3750$$
$$3750+76=3826$$
$$3826-365=3461$$

于是他马上说："最后答数是3461，你说年龄和钱数是多少?"

想不到他的话音刚落，我就立即回答："是35岁，口袋里有零钱7元6角!"

不妨请你们换上几个数目去试验，然而总是屡试屡验，不知是啥道理。你们能猜出其中的奥妙吗?

原来这个游戏有个秘诀，我只要把最后的答数加上115，一般能得到一个四位数，把这个四位数拆为两段，那么前一段的两位数就是要猜的年龄，而后一段的两位数就是口袋中的零钱数。

如果加上115以后得到的是一个三位数，那么也可拆为两段，不过这时候前一段只有一位数了，这意味着，要猜的年龄在10岁以下。

我们只要用字母来代替数字，这一点就变得很清楚了。

设年龄是$a$，零钱数是$b$，那么要求你们去做的一系列计算动作，实际上就是

$$2a,\ 2a+5,\ 100a+250,\ 100a+b+250$$
$$(100a+b+250)-365=100a+b-115$$

所以把115加在最后的数字之后，所得的显然是$100a+b$，然后再根据十进位记数制的意义，拆为两段。很明显，前一段就是$a$，后一段就是$b$了。

## 1.10 不肯跳槽

某国有一个名气很大的侦探，外号"老猫"。他精明过人，知识渊博，遇到一些别人看来似乎毫无头绪的案例，他都能通过现场的蛛丝马迹，找到破案线索。

"老猫"破过的疑难案子数不胜数。这样一位精明过人的侦探是多少侦探公司"猎头"的对象呀！这不，一家规模不小的私家侦探公司打

上了他的主意，准备来“挖人”了。

“阁下现在的工资是多少?”

“固定工资是半年 2000 美元，每半年提薪 100 美元。”

“我们公司一年的工资是 4000 美元，这一点与贵公司不相上下。可是一年后即可加薪 400 美元。”

“400 美元的增幅，真厉害呀!”

“我们的老板重视人才啊。你想想，半年加 100 美元和一年加 400 美元，相差可是太悬殊了。机不可失，时不再来，阁下还是跳槽到我们公司来吧!”

“老猫”思索了一下，摇摇头：“不去!”义无反顾地拒绝了。

私家侦探公司的说客奇怪极了：如此优厚的条件为何打动不了这位大侦探呢?

说到底，竟然还是私家侦探公司的待遇没有“老猫”现在的公司好。尽管他们的条件看上去很美，但精明的“老猫”一算就比出了高低。

让我们一起来算一笔细账。为了简单起见，我们用 A 代表“老猫”目前任职的公司，用 B 代表那家来挖他的公司。

第一年：A 公司的工资是 2000＋2100＝4100，B 公司是 4000。

第二年：A 公司向“老猫”支付的为 2200＋2300＝4500，B 公司允诺的工资却是 4000＋400＝4400。

第三年：A 公司将支付的工资为 2400＋2500＝4900，而 B 公司却是4400＋400＝4800。

半年加薪 100 美元和一年加薪 400 美元，表面上听起来后者比前者强得多了。可是仔细一算就会发现，不仅前三年 B 公司没有比 A 公司强，而且以后的长期趋势也都是 A 公司的待遇要优于 B 公司。精明的“老猫”没有被表面现象所蒙蔽，一口回绝了 B 公司的“邀请”，继续留在 A 公司里做他的侦探。

## 1.11 绕开“陷阱”，谨防“中计”

中国人历来重视神童和捷才，古时就有“十二岁当丞相”的传说，曹植（字子建）七步成章的故事更是流传极广。“七步诗”到底写了些什么内容，说法各异。清朝乾隆年间的大诗人沈德潜编选的《古诗源》，收录的原诗如下：

煮豆燃作羹，漉豉以为汁。
萁在火中燃，豆在釜中泣。
本是同根生，相煎何太急？

原来奸雄曹操虽然妻妾众多，筑“铜雀台”搜括美女，以广后嗣，然而曹丕和曹植却是一母所生。“本是同根生，相煎何太急？”真是情景交融、千古绝唱的佳句。曹丕听了，面有惭色，一时良心发现，倒也不忍下手。曹植总算躲过一劫。这是在临场“考试”中机智应对，惊险过关的最好例子。

现在，电视台举办的智力抢答节目，也是很有吸引力的，收视率一直居高不下。

不过，有些题目往往暗设机关，内藏埋伏，一不小心，就会中计，非但加不了分，还要倒扣。却说有一回，节目主持人问道：“一只半母鸡在一天半时间里生了一个半鸡蛋，请问，6 只母鸡在 6 天时间里可以生几只蛋？”

题目还没有全部读完，有人就急不可耐地举手抢答：“6 只蛋。”

这道题目好像绕口令，存心糊弄人，因此上当的人不在少数。然而，抢答者自以为得计，却是“马失前蹄”了。正确答案不是 6 只蛋，而是 24 只蛋。怎么竟会相差如此之多？

让我们来分析一个。先设时间不变，那么从 1.5 只母鸡在一天半里生 1.5 只蛋，可以推出 1 只母鸡在一天半里生 1 只蛋，所以 6 只母鸡在一天半里生 6 只蛋。由此可见，如果时间从一天半增加到 6 天，扩大成 4 倍，那么，生的鸡蛋数也得乘以 4，因而是 24 只蛋了。

这是个正比例问题，只要好好想想，按理说是不会搞错的。人们之所以上当，主要是心慌意乱，又受到了“绕口令”的暗示和误导，急于想“抢头功”，于是就不假思索，信口说出了自以为是的答案。

又有一次，节目主持人问道：

“$x+\frac{1}{x}=\frac{50}{7}$，根是什么？快！快！”

坐在台下的小明头脑非常活，他想，方程右边的假分数$\frac{50}{7}$，那不就

是 $7\frac{1}{7}$ 吗？于是他立即抢答："我已经求出了两个根，7 与 $\frac{1}{7}$。"

主持人立即宣布："回答正确！"

而大多数人还在把这个倒数方程 $x+\frac{1}{x}=\frac{50}{7}$ 进行去分母、移项等繁琐运算

$$x^2+1=\frac{50}{7}x，7x^2+7=50x$$

$$7x^2-50x+7=0，(x-7)(7x-1)=0$$

所以 $x_1=7$，$x_2=\frac{1}{7}$

根据代数基本定理：$n$ 次方程有 $n$ 个根。于是小明信心十足：现在两根都已求出来了，哪里还会有第三个根呢？

总而言之，抢答时的快而准确是要有扎实的知识作为后盾的。

## 1.12 巧查星期

刚刚度过"五一"的国际劳动节，转眼就迎来了少年儿童的"六一"节。放过两个月的暑假后，国庆长假又在眼前了。古代中国人的节假日并没有这么多，只有旧历新年（即春节）、端午节、中秋节等屈指可数的几个。

现在的周末假日，是连同"星期记日法"从西方引进的。它最初形成的时候，人们只知道天上有水、金、火、木、土五颗大行星，加上太阳、月亮，总共是七个重要天体，所以把一星期定为七天，每天对应一个天体。要是早就知道太阳系有八大行星，大概一星期就长达十天了！

你知道吗？西方的某些重要节日并不是固定在每年几月几日的。例如，欧、美人士极为重视的复活节，规定为每年过了春分，第一次月圆以后的第一个星期日；美国的感恩节是 11 月的第三个星期四。现在我国有不少年轻人在母亲节向妈妈献花，赠送贺卡，这也是个来自西方的节日，规定为每年 5 月的第二个星期日。另外，美国所制定的父亲节则是 6 月的第三个星期日。

推算某个日子是星期几是件麻烦事。如果这是今年的某一天，还可以查看一下日历。但若想知道多年以前或以后的日子，就没有那么方便

了。例如，天文学家预报说，下一次金星凌日将发生在 2012 年 6 月 6 日，那一天是星期几呢？

下面将要为本书的读者们设计一张查星期的表格（表 1-4），它的用法非常简单，先举几个例子，相信大家能够一学就会。

**表 1-4**

| | | | | | | | | | | | | | |
|---|---|---|---|---|---|---|---|---|---|---|---|---|---|
| 日期 | 1 | 2 | 3 | 4 | 5 | 6 | 7 | | | | | | |
| | 8 | 9 | 10 | 11 | 12 | 13 | 14 | | | | | | |
| | 15 | 16 | 17 | 18 | 19 | 20 | 21 | | | | | | |
| | 22 | 23 | 24 | 25 | 26 | 27 | 28 | | | | | | |
| | 29 | 30 | 31 | | | | | 年份 | | | | | |
| 月份：1 月，10 月 | 聪 | 做 | 手 | 动 | 自 | 来 | 明 | | 2001 | 2007 | 2012 | 2018 | 周期重复 |
| 4 月，7 月<br>闰年 1 月 | 明 | 聪 | 做 | 手 | 动 | 自 | 来 | 1996 | 2002 | | 2013 | 2019 | |
| 9 月，12 日 | 来 | 明 | 聪 | 做 | 手 | 动 | 自 | 1997 | 2003 | 2008 | 2014 | | |
| 6 月 | 自 | 来 | 明 | 聪 | 做 | 手 | 动 | 1998 | | 2009 | 2015 | 2020 | |
| 2 月，3 月，<br>11 月 | 动 | 自 | 来 | 明 | 聪 | 做 | 手 | 1999 | 2004 | 2010 | | 2021 | |
| 8 月，<br>闰年 2 月 | 手 | 动 | 自 | 来 | 明 | 聪 | 做 | | 2005 | 2011 | 2016 | 2022 | |
| 5 月 | 做 | 手 | 动 | 自 | 来 | 明 | 聪 | 2000 | 2006 | | 2017 | 2023 | |
| 星期 | 一 | 二 | 三 | 四 | 五 | 六 | 日 | | | | | | |

**例 1**　2004 年的国庆节是星期几？

先在月份栏找到 10 月，再从日期栏找到 1 日，在它们的横行与纵列相交处是“聪”字，请从右边的年份栏里找到“2004”，再顺着这一行向左，找出“聪”字，然后从这个“聪”字向下移，可以看到这一纵列对应星期栏的“五”，这就表明，2004 年国庆节是星期五。

**例 2**　2008 年 2 月 29 日是星期几？

2008 年是闰年，我们应该使用月份栏里“闰年 2 月”这个横行，其余查法与上相仿，结果查出那天是星期五。

这张表的使用范围是 1996～2023 年，跨度为 28 年。它还隐藏着一个奥妙：那就是表中的规律每 28 年重复一次，所以你只要根据这一规律，相应地改动表中年份栏的数字，就可以去查没有列入年份的日期。

看来，这张表格很有用处，是值得收藏的啰！

## 1.13 趣话香港小学生数学邀请赛

一位国内外很有名气的小学特级教师、数学教育专家情真意切地赞扬香港举办的小学数学邀请赛，他说："我们应该从中得到启示，反思我们搞的各种比赛，有的小学数学比赛题目，连大学教师都做不出来，而要请大学数学系教授来培训小学生，一次比赛主办单位要补贴几十万甚至几百万元，这种劳民伤财的做法值得深思。"

香港小学教育界的经验很值得重视。他们所选的题目沙里淘金，一般都经过深思熟虑，百里挑一，题型很新，提问方式别致异常，令人情不自禁地跃跃欲试，做题不是一种负担，而成了乐趣，参加比赛的学生们无论做对做错，都能从中得到教益。

请看下面的一道第二回合题：在15个连续自然数中最多能有多少个素数（又叫质数）？最少可以有多少个？欢迎提出不同答案，多多益善，回答得特别好的可以额外加分。

先看前半题，答案是：最多能有6个素数。我们知道素数的分布毫无规律可言，人类为此，忙忙碌碌地搞了几千年，迄今仍是一大悬案。一般说，素数的分布是前密后疏，由于起点与终点的不同，本题可望有5个答案：

0至14　（其中包含的素数为2，3，5，7，11，13）

1至15　（同上）

2至16　（同上）

3至17　（其中包含的素数为3，5，7，11，13，17）

5至19　（其中包含的素数为5，7，11，13，17，19）

解答全的学生简直是凤毛麟角，因为他们忘记了：根据新的课程标准，0也算自然数的。据我所知，对0是否算自然数，数学界存在着很大争议，以后当另写专文，这里不想再展开了。

再来回答后半题，答案相当令人吃惊，在15个连续自然数中，有可能统统都是合数，连一个素数都没有。

当然要拿出真凭实据，否则口说无凭，是不算数的。

然而，本问题有很多答案，先说一个小学生们能想得出的办法：得把“门槛值”（学名叫做“阈值”）先求出来，它是

$$2^4\times3^2\times5\times7\times11\times13=720720$$

然后从720722开始，到720736为止，就是满足问题的答案了。为什么呢？因为这是一种信心十足、闭着眼睛的办法，譬如说，让我们随便“挖”一个奇数（偶数除2外，统统都非素数，自然不必试了）吧。例如，$720733=720720+13=2^4\times3^2\times5\times7\times11\times13+13=13\times\cdots$既然有公因子可以提出，当然它能被13整除了。其他情况亦可依此类推。

当然，以上的办法是一种“粗线条”的方法，因为门槛值太大了。还可以求出比它小得多的答案，关键是要利用工具——素数表，如美国纽约大学阿尔伯特·H. 贝勒教授在其传世名著《数论妙趣》中所刊载的一张长达数页的详尽表格。由于我和我的学生，杭州的唐方女士是这本书的译者，我们自然轻而易举地想出了这种办法。

由扫描性的快速浏览可知，素数523后面的下一个素数为541，两数之差为$541-523=18$，从而一举找出524到540这个区间，其中的17个连续自然数统统都是合数（比题目上的要求更好些）。不妨随便举上两例，请看

$$529=23\times23$$

$$533=13\times41$$

显然这是两种完全不同的思考方法。自从电脑以及袖珍计算器普遍上市以后，中、小学里的“查表”教学被大大削弱了，有人甚至片面地认为，今后的平方数表、立方数表、对数表，乃至三角函数表的查法完全可以废弃了。这样的看法并不全面，因而是不宜采用的。

# 02 几何·图形

## 2.1 神秘的失踪

做这道题一定要自己亲自动手才有趣味，否则就会像浮光掠影，印象不深。也就完全失去了吸引人的魅力。

按照图 2-1 所示，把一个正方形分割成 7×7=49 个小方格，或者用现成的方格纸（文具店里可以随时买到）更为方便。原图可以分为甲、乙、丙、丁、戊五块。现在加以重新组合。甲块原地不动，乙、丙两块左、右调动；再将丁、戊两块平移并改变为上、下位置。

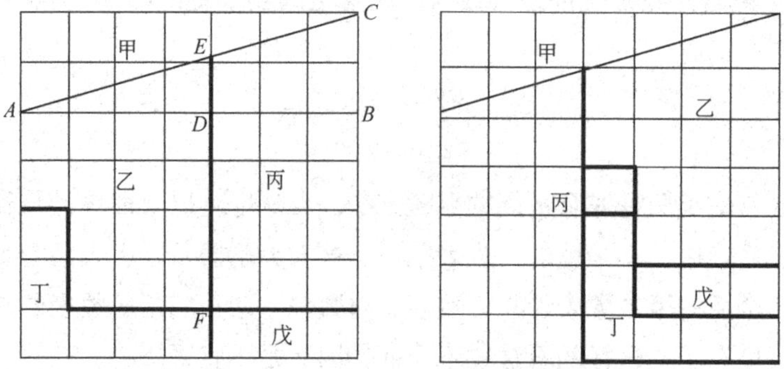


图 2-1

经过这样重新调动与组合，拼成右图的正方形时，怪事出现了：中间竟然露出了一个空洞。也就是说，有一个小方格竟然莫名其妙地失踪了！最平凡、最简单的调动居然能使一件小东西不知去向，这还了得！当然应该进行追查，查明其真相了。

实际上，这不过是一个小戏法，始作俑者是美国纽约州的一位魔术师保罗·柯里，他利用数字跟大家开了个不大不小的玩笑，确实令人眼花缭乱，从而起到了戏剧性的效果。

其实，上页的右图并不是一个真正的正方形、现在假定左图正方形的边长为 $a$，很明显，$\triangle ADE$ 与 $\triangle ABC$ 是相似三角形，因而

$$DE : BC = AD : AB$$

于是

$$DE=\frac{2}{7}a \cdot \frac{4}{7}=\frac{8}{49}a,$$

$$EF=ED+DF=\frac{8}{49}a+\frac{4}{7}a=\frac{36}{49}a$$

右图那个所谓“正方形”的一边之长为

$$\frac{2}{7}a+\frac{36}{49}a=\frac{50}{49}a$$

也就是说，稍稍比 $a$ 长了一些，但人的肉眼是很难看出这个细微差别的。至于另一边的长，当然仍是 $a$，所以右图其实是个长方形。而难以觉察的变化所造成的面积之差

$$\frac{50}{49}a^2-a^2=\frac{1}{49}a^2$$

就是那个神秘失踪的小正方形了！

换句话说，右图其实比左图的面积稍为大一些，减去中间的那个空洞面积，两者就完全一致了。

有句话说“戏法人人会变，各有巧妙不同”。有位美国数学教授举出了一个例子：图 2-2 是一个等腰三角形，由 9 部分组合而成：4 个直角三角形、4 个矩形和 1 个正方形（为了醒目起见，我们特别用阴影标明，并称之为“洞”）。图上各线段的尺寸，也已经一一注明，你们不妨把图复印下来，或者自己动手，照比例绘制。

现在请你把图上 8 个区域的面积算一算，求出它们的总和，但特别关照：那个小洞的面积不要算进去。

计算面积当然是很轻松的，连小学生也会做，不是吗？结果如下

$$\frac{1}{2}\times 20\times 16+2\times\frac{1}{2}\times 6\times 10+6\times 9+2\times 11\times 4+6\times 9$$
$$=160+60+54+88+54=416$$

再来算一下整个等腰三角形的面积，由于 $PQ=32$，而三角形的高 $=16+10=26$，于是三角形的面积就等于

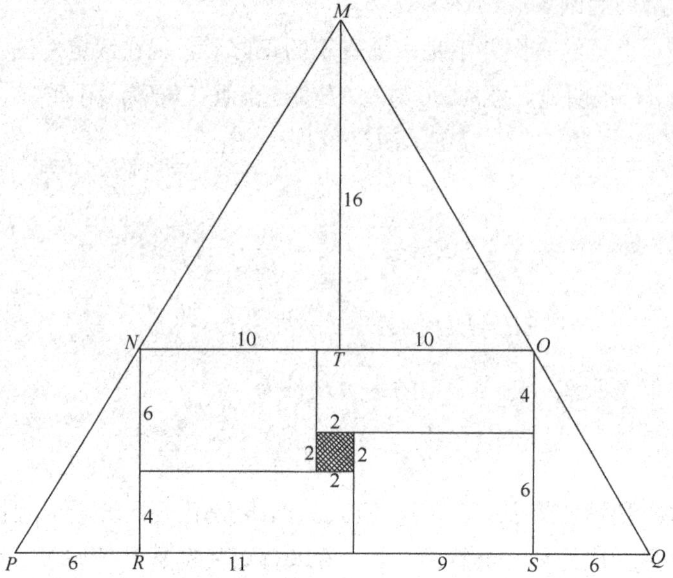


图 2-2

$$\frac{1}{2}\times PQ\times h=\frac{1}{2}\times 32\times 26=416$$

两个答数居然是毫厘不爽的，任何人对此都会感到万分惊讶：

不管有洞没洞，答案竟然相同，岂非咄咄怪事！毛病究竟出在哪里？请找出来。

中国有句老古话："耳闻是虚，眼见是实。"然而眼见的事情有时也未必可靠，就本题而言，毛病就在于：我们的眼睛受骗了，其实 $M$，$N$，$P$ 三点并不在同一直线上，用数学术语来说，即三点并不共线。

这可以用反证法来推证。要是 $M$，$N$，$P$ 三点共线，则$\angle MNT=\angle NPR$，于是两个直角三角形 $MNT$ 与 $NPR$ 是相似三角形从而对应边应该成比例，也就是

$$\frac{MT}{NR}=\frac{NT}{PR}$$

然而 $8:5=1.6$，而 $5:3\approx1.666\cdots$，两个比值虽然相差甚微，但却是不相等的，由此推翻了 $M$，$N$，$P$ 三点共线的结论，同样，右侧的 $M$，$O$，$Q$ 三点也不在同一直线上。

实际上，这个图形根本不是什么等腰三角形，而是一个**五边形**，它

的五条边是 $MN$，$NP$，$PQ$，$QO$ 与 $OM$，你用三角形面积公式来计算，当然就大错特错了。

魔术家的“帽子戏法”纵然被拆穿了西洋镜，但其手法却仍然令人赞叹不已。因为铅笔、直尺等绘图工具本身就存在着误差，即使你“一本正经”地认真画图，也很难发现三点并不是真正落在一直线上的。

魔术和数学之间存在着一定的共性：它们都需要用出人意料的技巧，揭露表面现象的迷惑，得出隐藏在幕后的真相。

当今世界上真的存在着职业魔术师出身的著名数学家，他就是美国斯坦福大学（世界名牌大学之一）的数学教授 P. 狄康尼斯（Persi Diaconis），14 岁那年离家出走后，曾在纽约街头卖艺，活得很潇洒。为了生计，他只能在夜间前往纽约市立大学上课。结果用了两年半时间，学完了数学系的全部课程，并取得了学士学位。

狄康尼斯对数学的兴趣一发而不可收，他打算再攻读博士学位，想进美国最好的哈佛大学研究生院。于是他请大名鼎鼎的数学科普大师马丁·伽德纳（Martin Gardner，1914～2009）开了一封介绍信，终于如愿以偿。狄康尼斯的教学与研究工作搞得十分出色，曾获得过一笔 20 万美元的麦克阿瑟奖金的资助。

事实表明，魔术可以具有很高的学术性和创造性，在数学科普工作中的重要性，目前仅仅是刚刚起步。

## 2.2 苦瓜和尚回家记

清初有一位大画家石涛，又叫苦瓜和尚，他经常徒步长途旅行，因为他的人生目标是要读万卷书，行万里路，“搜尽奇峰打草稿”，从而画出大大超越前人的山水画。

他既立定志向，排除万难，百折不回。于是西出玉门，南抵三亚，北达阴山，东临大海，走遍了祖国的千山万水。

不过，石涛和尚有一个怪脾气，他认为“好马不吃回头草”，他也从来不走回头路。尽管如此，不论在什么复杂的地形下旅行，他都不会迷路，跋山涉水，披星戴月，虽然备尝艰辛，到头来总是可以回到出发点。

这可能吗？我们不妨学学苦瓜和尚，参照计算机领域中的“虚拟现实”，在一张白纸上做一番不走回头路、却要回到原地的“纸上旅行”。

假设苦瓜和尚住处是一个接待各地行脚僧、提供简单食宿的“风雨茅庐”，我们不妨把它记为 $A_0$，他要到 $A_1$，$A_2$，$A_3$ 这三个风景点（藏龙瀑，千尺幢，虎跳峡）去采风写生。苦瓜和尚生性喜欢“直来直去”，所以他沿着直线，走了 $A_0A_1$，$A_1A_2$，$A_2A_3$ 这三段路线（图 2-3）。每段路的中点，他都留下了暗记，以便后来派用场。

完成写生以后，苦瓜和尚该回家了，但是他已经转了几个弯，闹不清老家 $A_0$ 在什么方向。当然，最简单的做法是向后转，沿着来路回去，然而这就犯了他“不走回头路”的大忌，根本不会考虑的。

苦瓜和尚胸有成竹，早已想好办法。他从 $A_3$ 出发，向 $A_0A_1$ 的中点 $M_1$ 走去，到达 $M_1$ 之后，并不停步，继续前进，走了同 $A_3M_1$ 一样长的路，到达 $B_1$，接着，他又从 $B_1$ 朝 $M_2$ 走，也是走了相当于 $B_1M_2$ 两倍的路程，到达 $B_2$；然后，再从 $B_2$ 朝 $M_3$ 走，当然还是按照老规矩，走了 $B_2M_3$ 的两倍路程，到达 $B_3$ 点。这时，令人惊奇的事情发生了：$B_3$ 点竟然就是苦瓜和尚住处所在的风雨茅庐——$A_0$ 点。虽然跟原路返回相比，要多走许多冤枉路，然而和尚却满不在乎，他早就练好了一双铁脚板，何足道哉！

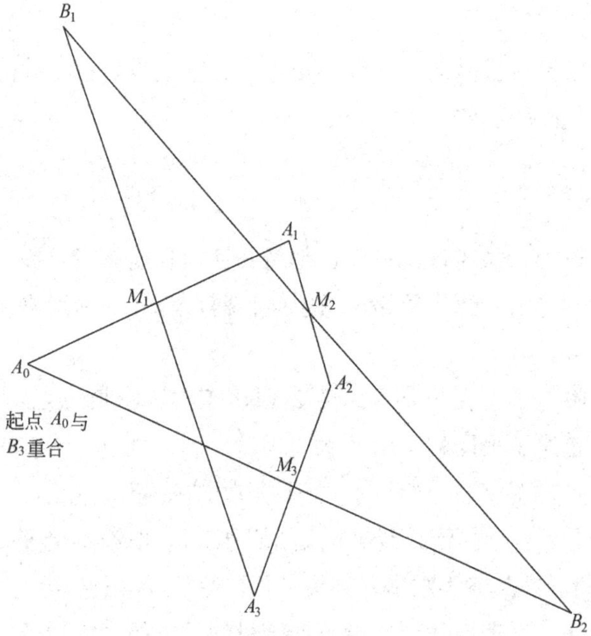


图 2-3

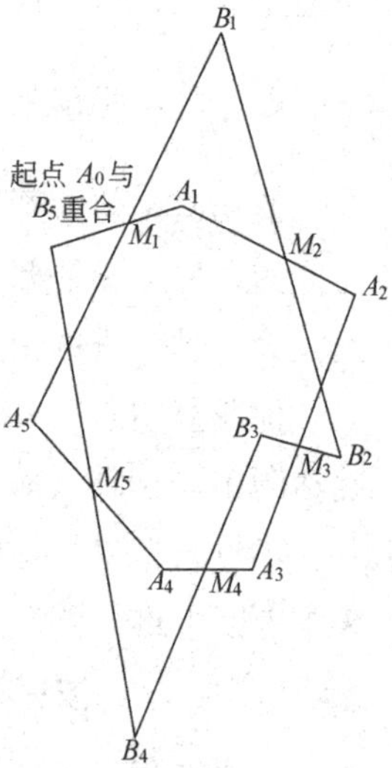


图 2-4

苦瓜和尚石涛，是不是出于偶然的巧合才顺利到家呢？让我们再换一条路线试试。在图 2-4 中，他仍从 $A_0$ 出发，但要经过 $A_1$，$A_2$，$A_3$，$A_4$，$A_5$ 五个地方，然后回家。到了 $A_5$，办完事情以后，他就像上一次那样，又走了一条更加曲折漫长的路径。结果呢？他又一次成功了。

看来，苦瓜和尚不是靠侥幸、碰运气找到归途的。原来，在平面几何里有个“中心对称”现象，利用它可以证明，苦瓜和尚在走过了奇数个点之后，通过自己独特的返回方式一定能回到老家的。不过，要是他去的地点是偶数（2，4，6，8，…）个点，上述办法就要失灵了。为何如此，请你在纸上也来试一试吧！

## 2.3 十二宫填数游戏

“黄道十二宫”是西方传统天文学的一套星座系统。早期天文学家为了显示太阳在天球上的运动，将太阳一年在星空中的移动轨迹称为“黄道”，又把黄道分为十段，每一段同周围的恒星编成十二个星座，这些星座就是“黄道十二宫”，它们依次是白羊、金牛、双子、巨蟹、狮子、室女、天秤、天蝎、人马、摩羯、宝瓶、双鱼。

近年来，随着一些日本动画片在我国电视台播放，国内青少年也开始了解黄道十二宫的信息。遗憾的是，他们接触到的黄道十二宫都走了样，首先是名称上的错误。动画片里的十二宫名称直接来自日本的译名，所以宝瓶变成了“水瓶”，室女变成了“处女”，摩羯（希腊神话中一种羊头鱼身怪兽）变成了“公羊”。更不可取的是，黄道十二宫原先都与一些美丽有趣的希腊神话故事有关，而目前许多青少年朋友却只知道它们属于荒谬、迷信的算命、占星术，实在太可惜了。除了希腊神话和天文学方面的内涵，十二宫还可以延伸到其他有意义的领域。下面让我们介绍一个颇有特色的数学游戏。图 2-5 为两个最普通的图形：圆和正方形。在这个形状对称的图中，有着 12 个圆和 7 个小正方形，以及连接它们的通路（圆弧与直线段）。现在请你填数了。要求分两步走。首先在各个正

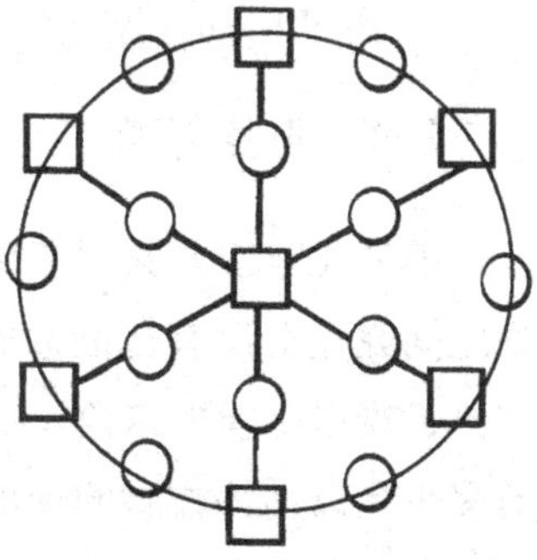

图 2-5

方形里填写一些非负的整数（0 与正自然数），数目当然是越小越好。如图示，两个正方形之间必有一个圆。下一步，在圆中也要填入适当的数目字。不过，此时填数，已经是“身不由己”了。圆中的数字，只能是它贴邻的两个正方形中所填数字的差。用数学的行话来讲：方格里的数是“自变量”，而圆中的数，只能是“函数”了。

填数字的办法也许多得不计其数。但本游戏的要求却比较苛刻：所有 12 个小圆中的数字，必须正好是从 1 到 12，既不能重复，也不准遗漏。而且填数有时间限制，譬如说，不能超过五分钟。

本游戏表面上看来非常浅近，人人都可以动手，但它体现了一定的智力素质。读者们，是否有兴趣来试一试，最好是自己独立思考。实在做不下去了，再看答案。

提示：正中间的一个小正方形里，不妨填入唯一的中性数—— 0。一旦找到这个窍门，进行下去就不会有多大困难。

**答案**

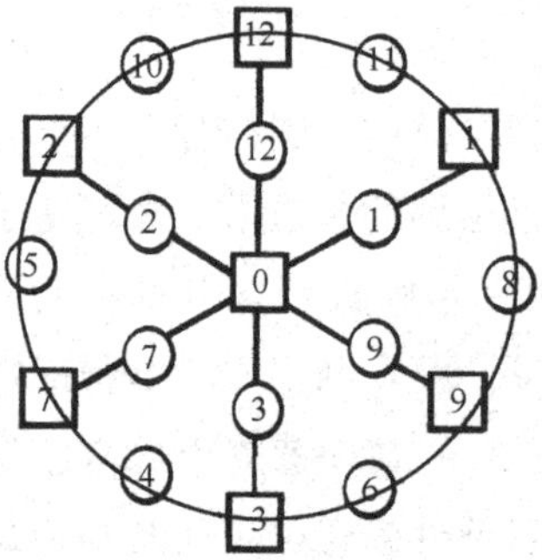


图 2-6

先决定“自变量”。在七个正方形里填入 0，1，2，3，7，9，12 七个数字。这是最小、最经济、最理想的答案（图 2-6）。

然后，就可以顺理成章地决定“函数”。大家都知道，＋、－、×、÷号称四则运算，加法和乘法的数字游戏太多了，不足为奇。而以减法原理来设计的游戏却为数甚少，令人有新鲜感。

## 2.4 形影不离

笔者无意去作繁琐考证来研究这样一个颇有兴趣的问题：帝王与后妃之间究竟有没有真正感情？人是高度复杂的有机体，感情又是最微妙曲折、难以捉摸的东西。如果断言其必无这等事情，那就近于武断，又有多少足以站得住脚的理由呢？

在咸阳之西，通往宝鸡去的陇海铁路主干线上有一个小小车站，名叫马嵬坡。公元 756 年（唐玄宗天宝十五载）六月，安禄山的叛军攻破潼关，唐玄宗李隆基与丞相杨国忠、韦见素等以及贵妃姐妹、皇子皇孙等仓皇奔蜀，逃到此处时发生了兵变，将士们逼迫皇帝缢杀杨贵妃，至今仍留着她的坟墓。有意思的是，即使在大破“四旧”的那些岁月，该墓依然原封未动，连车站也没有改名。

唐玄宗赐死杨贵妃，看来是出于无奈之举，心中十二分的不情愿。因此，叛乱平息以后，他回到长安宫中，思念不已，竟然迷信方士为他招魂，盼望在梦中相会，这便是所谓的“临邛（qióng）道士鸿都客，能以精诚致魂魄”了。善写通俗诗，能使老太婆都可理解的大诗人白居易在其盖世杰作《长恨歌》里为后世的人们留下了不少传诵千古的名句，如“在天愿作比翼鸟，在地愿为连理枝”……

小小老百姓们无此能耐，然而真挚感情绝非帝王们的“专利”。难怪清代的性灵派诗人袁子才写道：

莫唱当年长恨歌，人间亦自有银河；

石壕村里夫妻别，泪比长生殿上多。

袁子才一生为人行事，颇受物议，可说是封建社会的一个“叛逆”。但上面这首诗，却连批评他的人也认为是打不倒的。究其实际，也无非是他紧紧抓住了人性中的一个“共同点”而已。说白了，爱情乃人世的永恒主题也。人们在讲到20世纪的天才人物霍金时，绝没有忘记在轮椅旁拍摄他的“新娘”镜头吧。

外国人常常铸造一些新名词，如今我们的新闻传媒有时也会有意、无意地引进，或者美其名曰“推出”。譬如说，“性伴侣”这个字眼，其含义之广，简直可以吓人一跳，与东方人的世界观、价值观格格不入。我们知道，在汉语中，“伴”这个词通常只具褒义而无贬义。所谓“老伴”当然是指白头偕老的终身伴侣，其他大同小异的同义词还有鸳鸯、蝴蝶、凤凰（古代有首名曲不是就叫《凤求凰》吗?)，甚至连至清至净、一尘不染的西方极乐世界，也都有“迦陵频伽”这种共命之鸟呢!

一些神话故事里常有神仙“思凡”的情节。原来，即使贵为天仙，与日月同寿，长生不老，岁月悠悠，倘若没有伴侣，那么，漫长的时间如何打发？受此煎熬，也实在是苦不堪言。前人有言：“嫦娥应悔偷灵药，碧海青天夜夜心”，也许正是此种惆怅心情的流露吧。

一个人在极端寂寞无聊之际，唯一解脱之道是“顾影自怜”，把自己的影子当作“伴侣”了。首先想出这个高招的人乃是唐朝的大诗人，号称“诗仙”的李白。试看，他在《月下独酌》这首千古绝唱中写道：

花间一壶酒，独酌无相亲。
举杯邀明月，对影成三人。

影子与人，总是形影不离的，除非在“北回归线”上，夏至日的正午，或者手术台上的无影灯下。

正因为具有此种心情，于是我才特别欣赏下面这首短诗：

**江　边**

云在天上，人在地上，
影在水上，影在云上。

短短十六字，却像是“此中有人，呼之欲出”也。

下面要把笔锋一转，转到天文。同神话不一样，天文学这门严肃的科学明白地晓谕我们，天上的星球，有伴侣者也不少。譬如说，天狼星的伴星便是人类所发现的第一颗白矮星，其质量与我们的太阳不相上下，而亮度却只有太阳的三百分之一。因为它极致密，所以其体积只比地球稍大一些。又据英国《新科学家》(New Scientist，世界著名高级科普杂志）报道，太阳也有一颗黑暗的伴星，名叫“纳梅西斯”(Nemesis)，意即“复仇女神”。

天文学上既然真有“伴星”这种宏观天体，那么在冷冰冰的科学——数学里头，情况又如何呢？

拟人化的手法在几何、代数中绝少使用，但并不等于全然没有，奇妙的例子依然可以找得到。例如，线性代数里头讲到，任何方阵都存在着一个伴随矩阵，它也是一个方阵。这可不是信口开河，随便编造，而是字字有据、极为正统的说法。例如，下面这个全部元素都是1的三阶方阵

$$\begin{bmatrix}1 & 1 & 1\\1 & 1 & 1\\1 & 1 & 1\end{bmatrix}$$

它的伴随矩阵便是一个全部元素统统为0的三阶方阵

$$\begin{bmatrix}0 & 0 & 0\\0 & 0 & 0\\0 & 0 & 0\end{bmatrix}$$

尽管世界上已有不少国家把矩阵知识下放到中学，可是我国的大部分中学生仍然没有学过此类内容，所以我们只好岔开话题，去找寻别的、更为浅显的题材。众所周知，数学是研究客观世界的数量关系与空间形式的科学。

让我们转向几何，并直截了当地提出一个令人又惊又喜，似乎有点不可思议的命题：

任一平行四边形都有一个永恒的“伴侣”，而它是一个正三角形。

具体作法如下：$ABCD$ 是一个平行四边形，从其邻边 $AB$ 与 $AD$，各向外侧分别作两个正三角形 $ABE$ 及 $ADF$（均可通过规范化的尺规作图来实现），现在把由此定出的 $E$、$F$ 两点与原来的平行四边形的另一个顶点 $C$ 连接，则$\triangle CEF$ 必定是一个等边三角形（图 2-7）。

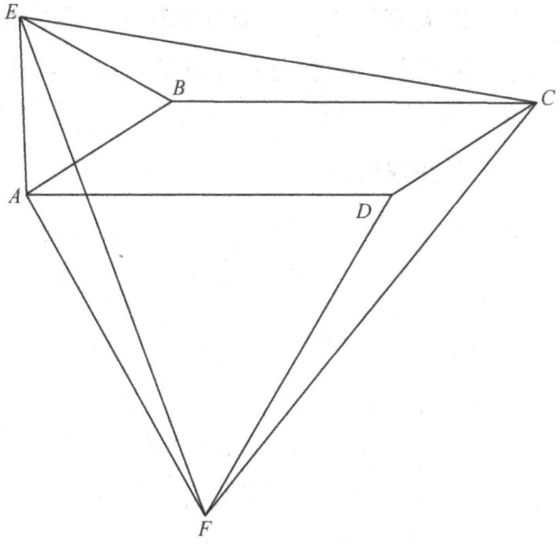


图 2-7

让我们加以证明。显然

$$\angle EAF = 60° + 60° + \angle BAD$$
$$\begin{aligned}\angle CDF &= 360° - (60° + \angle ADC) \\ &= 360° - [60° + (180° - \angle BAD)] \\ &= 360° - (240° - \angle BAD) = 120° + \angle BAD\end{aligned}$$

所以　$\angle EAF = \angle CDF$

但　$EA = DC$，$AF = DF$，

于是 $\triangle EAF \cong \triangle CDF$，

从而得出

$$EF=CF$$

同理可证 $\triangle BEC$ 与 $\triangle CDF$ 也是全等三角形。

所以 $CE=CF$，而 $\triangle CEF$ 是一个等边三角形。

现在你们终于相信平行四边形必有一个正三角形与之相伴，如影随形，形影不离，成为密合无间、难分难解的“亲密战友”了，不亦快哉！

“树欲静而风不止”，问题似乎完结了，但其实还有文章可做。譬如说，我们不妨去研究一下图形的退化情形，再追问一句：它能简化到什么样子？

在平行四边形的庞大家族中有一个特殊成员，即内角分别是60°与120°的菱形。这时，所得出的图形将有些特殊，因为，这种菱形的“伴侣”正好是其面积比菱形大一倍的正三角形，见图2-8。图中，$EBC$、$CDF$ 与 $EAF$ 都是三点共线的。

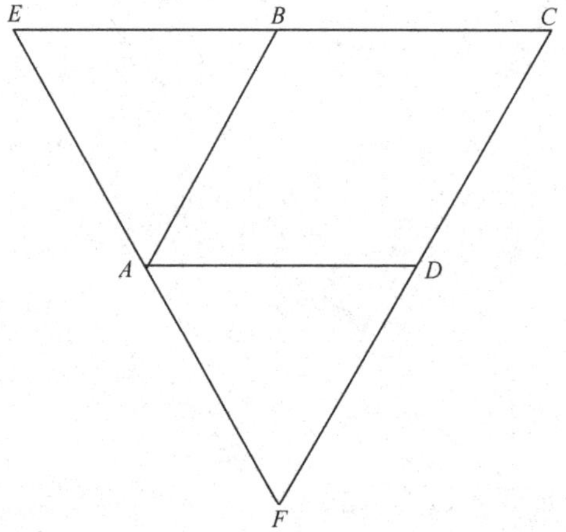


图 2-8

中国古代数学家把几何学称为“形学”，其美学价值远非代数所能望其项背。对本题来说，还可从各种角度去进行探索。例如，如果当初在平行四边形的一对邻边上，向内侧作正三角形，则情况又如何呢？

另外，也可从形状极怪异的平行四边形（内角极小，形状非常

“扁”）以及极限位置去考虑……总之，如喝一杯极品乌龙茶，滋味浓酽得很。

## 2.5 用复数找宝

虚数闯进数学领地之后，足足有几个世纪之久，一直披着一张神秘的、不可思议的面纱。直到两个业余数学爱好者给虚数作出了几何解释以后，面纱才被揭去。这两个有功之人是：测绘员威塞尔，挪威人；会计师阿尔刚，法国巴黎人。

按照他们的解释，一个复数，如 3＋4i，可以像图 2-9 那样地标出来，其中 3 是水平方向的坐标，4 是垂直方向的坐标。

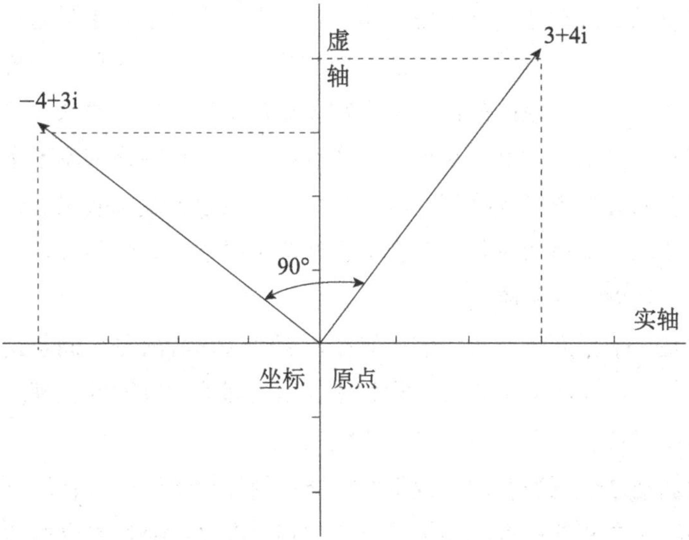


图 2-9

所有的实数都对应于横轴上的点；而纯虚数则对应于纵轴上的点。当实数 3 乘以虚数单位 i 时，就将得到位于纵轴上的纯虚数 3i。由此可见，一个数乘以 i，在几何上就相当于逆时针旋转 90°。

这个规则同样适用于复数，把 3＋4i 乘以 i，得到

$$i(3+4i)=3i+4i^2=3i-4=-4+3i$$

从图 2-9 立即可以看出，－4＋3i 正好相当于 3＋4i 这个点绕原点按逆时针方向旋转了 90°。同样的道理，一个数乘上－i 就是它绕原点按

顺时针方向旋转了 90°。

从前，有一位富于冒险精神的青年，在他曾祖父的遗物中发现了一张羊皮纸，上面写着一些刺激眼球的语句：

乘船至北纬 ___?°?′___，西经 ___?°?′___，即可找到一座荒无人烟的小岛。岛的北岸有一大片草地。草地上有一株橡树和一株松树。还有一座绞架，那是我们以前用来吊死叛徒的。从绞架走到橡树，记住走了多少步；到了橡树后向右拐个直角，再走同样的步数，在这里打个桩。然后回到绞架，朝松树走去，也记住所走的步数；走到松树后向左拐个直角，再走同样的步数后，在这里也打个桩。在两个桩的正当中挖掘下去，就可以找到宝藏。

羊皮纸上的叙述非常清楚、明白，说得头头是道，于是这位青年就去租了一条船开往目的地。果然发现了荒岛，也找到了岛上的橡树和松树，但使他大失所望的是：绞架无影无踪，不知去向。原来，经过长时间的风吹、日晒、雨淋，绞架已经朽烂成土，一点痕迹都看不出来了。

年轻的冒险家陷入绝望。在狂乱中，他在地上乱掘起来。但是，地方太大了，一切努力只是徒劳。他只好两手空空，启帆回程，一文钱都未捞到，反而亏蚀了路费。

这是一个令人伤心的故事。然而，更令人伤心的是，倘若这个小伙子懂点复数，他本来是有可能找到他曾祖父埋下的宝藏的。现在让我们来为他找找看，尽管为时已晚，于他无补了。

我们把这个荒岛看成复数平面。通过两棵树干画一条轴线（实轴），再过两棵树之间的中点与实轴垂直作虚轴（图 2-10），并以两树距离之半作为长度单位。这样一来，橡树位于实轴的 $-1$ 点上，松树则在 $+1$ 点上。我们不知道绞架在何处，不妨用大写的希腊字母 $\Gamma$（它的样子倒是很像绞架*！）表示它的假设位置。这个位置不一定在两根轴上，因此，$\Gamma$ 应该是个复数，即 $\Gamma=a+b\mathrm{i}$。

由于绞架在 $\Gamma$，橡树在 $-1$，于是两者的距离与方位就是 $-1-\Gamma$。同理，绞架与松树相距 $1-\Gamma$。把这两个距离分别按顺时针与逆时针方向旋转 90°，也就是分别乘以 $-\mathrm{i}$ 和 $\mathrm{i}$，这就得出了两根桩的位置为

* 绞架的英语为 gallows，英文字母 g 即由希腊字母 Γ 演变而来。

图 2-10

$$(-\mathrm{i})[-(1+\Gamma)]+1=\mathrm{i}(\Gamma+1)+1$$
$$\mathrm{i}(1-\Gamma)-1$$

宝藏在两根桩的正中间，因此，我们应该求出上述两个复数之和的一半，即

$$\frac{1}{2}[\mathrm{i}(\Gamma+1)+1+\mathrm{i}(1-\Gamma)-1]=\frac{1}{2}(2\mathrm{i})=\mathrm{i}$$

现在可以看出，$\Gamma$ 所代表的绞架位置已在运算过程中自然消失了。由此可见：不论绞架位于何处，宝藏都在 i 这个点上。

倘若这位青年能做一点点数学运算，那么他就无须在整个荒岛上挖来挖去，他只要在图中打“×”处一挖，就可以把珍宝弄到手了。

本题当然还有其他解法，但都比不上复数方法的简捷省事。首先想出这个方法而形诸于文字的人是美国作家爱德华·卡斯纳（Edward Kasner）与詹姆士·纽曼（James Newman），其后广泛为人征引，成为趣味数学领域中一道极其有名的经典名题。

## 2.6 炮打色当

2004年6月6日前后，世界上许多国家的政界首脑云集法国，纪念第二次世界大战的一次重大战役——诺曼底登陆60周年。

代号为“D日”的1944年6月6日被作家们说成“最漫长的一天”，五千多艘各色船只——主力舰和巡洋舰，大型驱逐舰和小型护卫舰，坦克登陆艇和炮舰，部队运输船，抢修船，放烟幕的船……在那个狂风大作的早晨出航。作者深情地、不无哀怨地写道：“许多人将长眠于今夜，我们要为他们祈祷。”

天气预报说：“海浪汹涌，能见度差，可能有暴雨”。德国守军认为，这样糟的天气，什么事情都不会发生。西线总司令、希特勒的爱将、负责法国和荷兰沿岸防御的B集团军群（下辖第七集团军、第十五集团军和荷兰军团等大量精锐部队）总指挥、德国元帅隆美尔却在那天早晨离开了司令部，前往多瑙河沿岸的私宅，原来6月6日正好是他妻子的生日，他打算与她一起庆祝。主帅擅离职守，不在现场，这一“巧合”的概率事件堪称“天降奇迹”，对盟军登陆行动的成功自然起到了不容忽视的意外作用。

由少校霍华德率领的三个排在第一架滑翔机着陆后，不到10分钟内夺取了卡昂大桥。几乎全部德国战机都已飞往加来地区——盟军的佯攻目标。纳粹德国中了“声东击西”之计。

不久，戴高乐将军率领的法国军队进入首都，巴黎宣告解放。到了1944年8月，盟军的推进异常神速，已经接近法国与比利时的边界，战略要地色当也已到了“兵临城下”的地步。

说起色当（Sedan），那可是军事史上“名震遐迩”的重地。它位于法国东北边境的马斯河畔，是个国防要塞，铁路枢纽。1870年9月，在色当进行了一场惊天动地的大战，由老毛奇〔赫尔穆斯·卡尔·毛奇(1800～1891)，史称“老毛奇”，其军事思想在全世界有重大影响〕指挥的普鲁士军队取得了决定性胜利，连法国皇帝拿破仑三世都当了俘虏。

当时，德国军队虽然败退，但实力依然很强大。他们在色当地区部署重兵，打算作一死战，困兽犹斗，进行垂死挣扎。

由于盟军的推进异常迅速，“跑到了前头”，按精确比例绘制的军用地图供应不上，给实施军事行动带来不小的困难。这时，拥有扎实数学根底的中、下级军事指挥官就可以一显身手，不愁英雄无用武之地了。

其时，一位美军炮兵连长奉命把几门远射程大炮拖运到色当南部的密林中去隐蔽待命（在图 2-11 所示地形图上用“×”表示）。丛林的东、西两侧分别有两条迂回曲折的公路通过，而终点就是德军驻有重兵的色当。

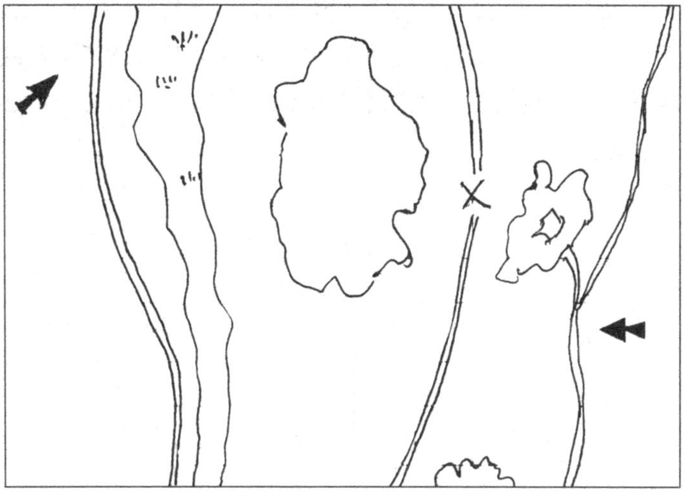

图 2-11

（引自美国数学家 Geoffrey Mott-Smith 的著作）

尽管从总体上来看，公路走向相当曲折，但其中有两段是非常接近于直线的（地形图上用箭头表示的路段），一位从小在这里土生土长的法籍军士说，本来这两条小路一直延长下去后会相遇在色当市中心。

一旦上级下达用重炮猛轰色当的命令，就要立即执行，而目前灌木林中的隐蔽地点又很好，舍不得离开。怎么办呢？于是有人建议，把这张仅有的地形图平摊在一张极大的白纸上，然后尽量加以延长，找到交点以后，作为开炮瞄准的目标。

这种建议听起来似乎很好，实际上误差太大，是无法实施的，当即被智商很高的炮兵连长断然否定了。

战前，他是一位写生画家，而且，早在中学时代，他就对射影几何深感兴趣，掌握了一门绝技，能只用直尺，画出几乎一切几何图形，其思路之奇妙，往往出人意料。此刻，他已胸有成竹，满怀信心地来解决这个迫在眉睫的炮轰色当问题了。他认为，眼下至少有两种办法是立等可取的，唯一的工具为直尺，连圆规都可以不用。

第一种方法利用帕普斯-帕斯卡定理。图 2-12 中，设 $a$，$b$ 两直线是通到色当的公路，图上虚线部分为敌占区，也就是所谓“不可到达”的地区。在 $a$，$b$ 上分别取 $A$，$B$；$D$，$E$ 各点，$Q$ 点是重炮位置。连接 $QE$ 和 $BD$，相交于 $F$ 点。再连接 $QB$ 和 $AE$，相交于 $G$ 点。然后连接 $DG$，$AF$，它们的交点是 $R$。定理断言，$Q$，$R$，$S$ 必然三点共线。远程大炮瞄准好以后，重炮猛击色当敌军就像探囊取物，德寇一定会吓得魂飞魄散、手足无措了。

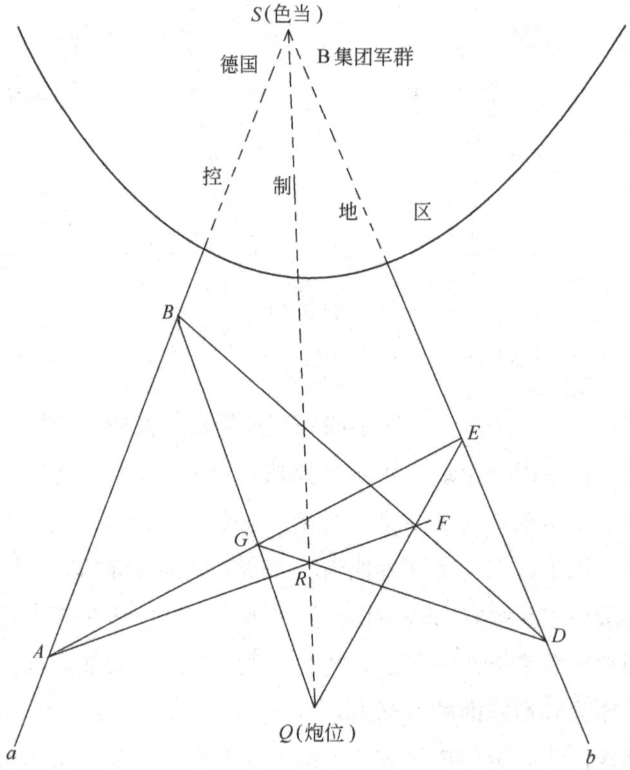


图 2-12

这种图形在射影几何上称为$\begin{pmatrix}9 & 3\\ 3 & 9\end{pmatrix}$构形，共有 9 个点，9 条直线，每 1 点与 3 条直线接合，而每 1 条直线与 3 个点接合，早在古希腊时代，就被数学家帕普斯（Pappus）所发现，后来法国大数学家帕斯卡（Pascal）又独立地发现了它。

下面再来讲第二种方法，它是根据德萨格（Desargues）定理来求解的，参看图 2-13。

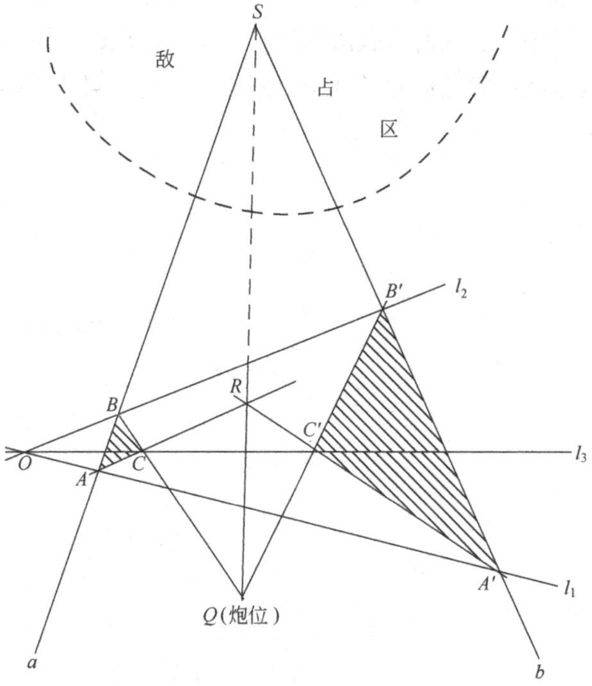


图 2-13

在直线 $a$ 上取 $A$，$B$ 两点，再在直线 $b$ 上取 $A'$，$B'$两点。然后连接 $A$，$A'$，并适当延长之，定出直线 $l_1$；再连接 $B$，$B'$并适当延长，定出直线 $l_2$。$l_1$ 与 $l_2$ 相交于 $O$ 点，通过它任意作一条直线 $l_3$，注意不要让它落在敌占区内，连接 $Q$，$B$ 与 $l_3$ 交于 $C$ 点，又连接 $Q$，$B'$与 $l_3$ 交于 $C'$点。

延长 $AC$ 与 $A'C'$，使之相交于 $R$ 点，则 $Q$，$R$，$S$ 三点必共线。

在射影几何上，此种图形名叫$\begin{pmatrix}10 & 3\\ 3 & 10\end{pmatrix}$构形，它涉及 10 个点和 10 条直线，每 1 点都跟 3 条直线接合，而每条直线则跟 3 个点接合。

一般人不会想到如此美丽的图形会拥有重要的军事应用。因此，美国数学家乔弗莱·穆特·史密斯把它写入其专著以后，射影几何受到了普遍重视，被称为“几何的几何”。数学史家们公认，射影几何是法国数学家彭赛列（Poncelet）在俄罗斯萨拉托夫的牢狱中发明的，有一段动人传说。

众所周知，法国人在艺术上卓有成就。我国近代一些艺术大师颜文樑、刘海粟、徐悲鸿、吴冠中都曾是留法学生。太阳王路易十四的王宫，以及凡尔赛宫等处都有着为数不少的美丽花坛、典雅宫室以及各种艺术精品，其中射影几何与画法几何起了无可替代的作用。谁都不会想到，军事技术在射影几何的种种应用方面，仍能分到“一杯羹”呢。

# 03 啊哈！灵机一动

## 3.1 怪题与洞察力

有人问我，数学题目出来出去，会不会有“山穷水尽”的一天，最后出现“炒冷饭”、“熟面孔”，也就是“换汤不换药”的现象？

这种疑虑颇有见地。除了极少数有创意的问题之外，我看在所难免。不光是一般试题，即便是一些跨国公司用来招聘奇才的“怪题”，也不乏“旧瓶装新酒”的事例。于是就根本难不倒在“题海”中经过“大浪淘沙”的“打鱼人”了。请看下面的例子：

有一列火车以每小时 140 千米的速度离开洛杉矶直奔纽约而去。同时，另一列火车以每小时 160 千米的速度从纽约开往洛杉矶。如果有一架直升机以每小时 300 千米的速度和两列火车同时启动，从洛杉矶出发，碰到另一列火车后返回，往返在两列火车之间，直到两列火车相遇为止。已知从洛杉矶到纽约的铁路长 3300 千米，请问，这架直升机飞行了多远路程？

在这道题目里有着一些心照不宣的约定，例如，两列火车是始终保持匀速运动的，直升机碰到对面驶过来的火车时会立即掉头，而转身的时间可以忽略不计，如此等等，明眼人一看就知道这是“理想化”的条件，是一种人为的“情景设置”。

当然，以上这些“千疮百孔”的“瑕点”，解题人是不必考虑的。尽管如此，读书不多的应试人仍然会误入歧途。由于直升机在两列火车之间来回飞行，被测试者的思维也很容易随着直升机“跑动”起来。如果我们试图算出那些越来越短的残余路程，那就上当了。

这就需要解题者的“洞察力”，可以这样去想：这架直升机一直在两列火车之间一刻不停地飞，所以，火车的相遇时间便是直升机的飞行

时间。于是马上就可轻而易举地算出直升机的飞行路程

$$300\times[3300\div(140+160)]=3300(\text{千米})$$

在初版印数高达50万册（目前哪本书会有如此之高的印数?）的一本趣味数学书中刊登着一则故事，题目的名字就叫做“苏步青爷爷做过的题目”。

“甲和乙从东西两地同时出发，相对而行，两地相距100千米。甲每小时走6千米，乙每小时走4千米，几小时两人相遇？如果甲带了一只狗，和甲同时出发，狗以每小时10千米的速度向乙奔去，遇到乙后立即回头向甲奔去；遇到甲又回头向乙奔去，直到甲、乙两人相遇时狗才停住。请问：这只狗共奔了多少千米路?”

答案很简单。经过10小时，甲、乙相遇；

狗一直在甲、乙之间奔跑，从未停过，整整跑了10小时，一共跑了100千米。

毫无疑问，苏步青爷爷是我国数学界的老前辈，有着高度的“洞察力”。

## 3.2 常数立奇功

趣味数学的“趣”，一般都表现得比较含蓄、比较深邃、比较高雅，不是那种肤浅、幼稚，画上大花脸就算有趣的。

现在请你来求下列组合数的平方和

$$(C_n^0)^2+(C_n^1)^2+\cdots+(C_n^n)^2$$

解这道题，需要有点“悟性”。

先注意下列二项展开式

$$(1+x)^n=C_n^0+C_n^1x+C_n^2x^2+\cdots+C_n^nx^n$$

类似地有

$$\left(1+\frac{1}{x}\right)^n=C_n^0+C_n^1\frac{1}{x}+C_n^2\left(\frac{1}{x^2}\right)+\cdots+C_n^n\left(\frac{1}{x^n}\right)$$

当这两个式子相乘时，显然右端常数项正好是

$$(C_n^0)^2+(C_n^1)^2+\cdots+(C_n^n)^2$$

而左端却是

$$(1+x)^n\left(1+\frac{1}{x}\right)^n=\frac{1}{x^n}(1+x)^{2n}$$

因此，所要求的和即是$\frac{1}{x^n}$ $(1+x)^{2n}$中的常数项，也就是，展开式$(1+x)^{2n}$中$x^n$项的系数，那当然便是$C_{2n}^n$，自属毫无疑问。

于是便得

$$(C_n^0)^2+(C_n^1)^2+\cdots+(C_n^n)^2=C_{2n}^n=\frac{(2n)!}{(n!)^2}$$

可见这个组合恒等式的发现，常数是立下了汗马功劳的！此题并不容易，以上办法可说是最为方便的“终南捷径”了。

## 3.3 已经赛过几场了

某市举办迎春足球邀请赛，参加的共有16所学校，每校都派出甲、乙两个球队，甲队实力较强，乙队稍差。根据比赛规则，每两队之间都要进行一场比赛，但同一所学校的甲、乙两队不进行比赛。

经过一段时间以后，邀请赛组织组进行了统计，他们发现：除了五爱中学甲队以外，其余各队已比赛过的场数都不相同，请问：五爱中学的乙队已经比赛过多少场了？

这简直是个没头没脑的问题，许多人想了又想，感到脑袋瓜里一片空白，无计可施。

老师看到了大家的窘态，决定来个提示：“不妨考虑同一所学校的甲、乙两个球队，他们之间是不进行比赛的。”然而，尽管老师作了提示，指点迷津，大家还是一头雾水，开不了窍。

经过一番深思熟虑之后，小张终于想出了解法，拔得了头筹。

他是这样考虑问题的：除去五爱中学的甲队以外，还剩下31个球队。既然他们已经赛过的场数各不相同，所以他们比赛的场数只能是0场，1场，2场，…，30场。

赛得最多的球队已经赛了30场，那么，与之同校的另一支球队已经赛过几场呢？小张想到这里，暂时停顿了一下，自言自语地盘算着。

忽然之间，他明白了：“同校的另一支球队肯定是赛了0场，因为规定同校两队之间不进行比赛；如果不是赛0场，另一队就不可能赛30场！”

按照同样的道理去推理，就可以知道：已赛28场的与已赛2场的两支球队同校；已赛27场的与已赛3场的也同校……直至赛16场与赛

14 场的都同校。最后剩下赛 15 场的球队，当然就是五爱中学的乙队了。

可以看出解法很巧妙，巧妙配对，是解决这道题的关键。尤其值得提出的是：这个问题实际上与宴会上的握手问题完全同构。16 对夫妻参加宴会，每人都同别人握手，但相同的两人之间最多只握一次手，而自己夫妻之间不握手。

同构对应的关系如下

握手⟷比赛

夫妻⟷同一所学校的甲、乙两个球队

这样一来，问题就变得昭然若揭了。难怪本书作者看到了上述问题，不禁哑然失笑起来，因为他本人就是宴会上握手问题的始作俑者！

## 3.4 亲如一家

将代数与三角分为两门课程，不过是人为的分割，实际上两者之间并没有明确界限，经常不分彼此，而且可以互通有无，相互支援。

下面我们不妨通过一道趣题来阐明这种观点。

已知 $x+y+z=xyz$，求证

$$\frac{2x}{1-x^2}+\frac{2y}{1-y^2}+\frac{2z}{1-z^2}=\frac{8xyz}{(1-x^2)(1-y^2)(1-z^2)}$$

先说一说直接的代数解法。

通分以后，分母就已经是 $(1-x^2)(1-y^2)(1-z^2)$ 了，因此，为了节省书写空间，下文只看分子就行。

$$\begin{aligned}\text{左式的分子}&=2x(1-y^2)(1-z^2)+2y(1-x^2)(1-z^2)\\&\quad+2z(1-x^2)(1-y^2)\\&=2x(1-y^2-z^2+y^2z^2)+2y(1-x^2-z^2\\&\quad+x^2z^2)+2z(1-x^2-y^2+x^2y^2)\\&=2(x+y+z)-2x^2y-2xy^2-2yz^2-2y^2z\\&\quad-2z^2x-2x^2z+2xyz(yz+zx+xy)\end{aligned}$$

整理到此地步，令人目眩神摇，眼花缭乱，怎样才能拨开迷雾见青天，解开这团乱麻？

解决的途径，说破了却是非常有趣。原来，我们需要来上一个“双向替换法"：看到 $x+y+z$，要用 $xyz$ 去代替；反之，看到 $xyz$，则用 $x+y+z$ 去代替，这岂不是公平交易，老少无欺？

按照这种主导思想，让我们继续往下进行，便有

$$\begin{aligned}&2xyz-2x^2y-2xy^2-2y^2z-2yz^2-2z^2x-2x^2z\\&+2(x+y+z)(yz+zx+xy)\\=\ &2xyz-2x^2y-2xy^2-2y^2z-2yz^2-2x^2z-2z^2x\\&+2xyz+2x^2z+2x^2y+2y^2z+2xyz+2xy^2+2yz^2\\&+2z^2x+2xyz=8xyz=\text{右式的分子}\end{aligned}$$

那些讨厌的东西，正好全部抵消了，岂不快哉！

再来看三角证法。

令 $x=\tan A$，$y=\tan B$，$z=\tan C$

由 $x+y+z=xyz$，即

$$\tan A+\tan B+\tan C=\tan A\tan B\tan C$$

根据三角知识，我们即可断定

$$A+B+C=k\pi\ (k\text{ 为整数})$$

从而　$2A+2B+2C=2k\pi$

$$\begin{aligned}\therefore\quad&\frac{2x}{1-x^2}+\frac{2y}{1-y^2}+\frac{2z}{1-z^2}\\&=\frac{2\tan A}{1-\tan^2 A}+\frac{2\tan B}{1-\tan^2 B}+\frac{2\tan C}{1-\tan^2 C}\\&=\tan 2A+\tan 2B+\tan 2C\\&=\tan 2A\cdot\tan 2B\cdot\tan 2C\\&=\left(\frac{2x}{1-x^2}\right)\left(\frac{2y}{1-y^2}\right)\left(\frac{2z}{1-z^2}\right)\\&=\frac{8xyz}{(1-x^2)(1-y^2)(1-z^2)}\end{aligned}$$

逐步推演，都是题中应有之义，显得多么自然、轻松，繁琐的计算一概可以省略了。

三角、代数、几何本有通家之好，"三教原来是一家"，做题时无论如何不要忘记啊。

## 3.5 戏说"混合"

你熟悉《三国演义》里的故事吗？知道诸葛亮死后的继承人是

谁吗？

话说诸葛亮的继承人姜维（字伯约），本是魏国天水郡人。蜀国后主刘禅实在是一个扶不起的“阿斗”，蜀国内有奸臣当道，兵力与经济也远远不如魏、吴两国。幸亏姜维很能用兵。当时魏国是司马懿父子掌权，阴谋篡位，滥杀无辜。魏国人心惶惶，众叛亲离。姜维善于利用矛盾，他的部下就有不少人是魏国的投降将士。组成混合部队以后，这些人十分勇敢，拼命作战，武艺与战功都很了得，不比蜀国的嫡系部队差。

再回过头来说说现在。如今生活提高了，大家都想走出去看看、玩玩。有些地方甚至把旅游经济作为支柱产业。扬州是历史文化名城，当地有一种特色名茶叫做“魁龙珠”，远近闻名，老扬州几乎无人不知。

原来，这种“魁龙珠”是用龙井、珠兰和魁针三种茶叶，按照一定的比例混合起来的。龙井取其色，珠兰取其香，魁针取其味。喝一杯茶而能色香味俱全，自然会被新、老茶客交口称赞。说到底，这也是“混合”的妙用吧。

“混合比”是算术里的一个重要概念和解题方法，让我们通过一个茶叶的例子来介绍。

今有两种茶叶，售价分别是每千克 51 元与每千克 89 元。混合后，平均售价为每千克 54 元，问应如何混合？也就是说，两种茶叶各需多少？

可以这样来分析：

51 元变到 54 元，每千克提高 3 元；

89 元变到 54 元，每千克降低 35 元。

很明显，只有提高总值与降低总值相等时，混合后才会得到平均价，因此必须有 35 个 3 元与 3 个 35 元互相冲抵，也就是说，单价 51 元的茶叶必须有 35 份；而单价 89 元的茶叶必须有 3 份，混合比是35∶3。

上述思考方法可以简化成表 3-1。

**表 3-1**

| 平均价 | 原价 | 差价 | 混合比 |
|---|---|---|---|
| 54 | 51 | 3 | 35 |
| 54 | 89 | 35 | 3 |

用“混合比”方法解题往往十分奇妙。下面我们再举一个例子，供你欣赏。

今有鸡兔同笼，上面有头 50 只，下面有脚 160 只，试问鸡兔各有几只?

这道题用代数方程解法，替换法都可以做，不过用“混合比”来做的话，就特别简单。先算出每只动物的平均脚数：160÷50＝3.2 只。

然后列出如表 3-2：

**表 3-2**

| 平均脚数 | 鸡或兔的脚数 | 差数 | 混合比 | 整数比 |
|---|---|---|---|---|
| 3.2 | 2 | 增 1.2 | 0.8 | 2 |
| 3.2 | 4 | 减 0.8 | 1.2 | 3 |

于是，马上就可以算出：

鸡数　50×2/（2＋3）＝20（只）；

兔数　50×3/（2＋3）＝30（只）。

算术里的一些复杂应用题，例如时钟问题、工程问题、行程问题、浓度问题、币值问题等等，一般说来，都可以用混合比方法去解决。难怪一位有 60 多年教龄的老先生说：“混合比方法是解决各种算术应用题的魔法师，有着一巧遮百丑的作用。”

看来，他的话确实有一定道理。既有趣，挺有用，又开窍，这种方法当然要学习。

## 3.6　灵机一动

现在大家都在痛批“题海战术”，但是常言道：“拳不离手，曲不离口”，哪有不做题目而能成为数学家的?

什么样的题目才算好题? 见仁见智，大家的看法也各不相同。其实，20 世纪的数学教育大师波利亚早就有他的一套成熟看法。他的传世名著《怎样解题》也已成为千锤百炼、颠扑不破的经典名著了。

好的题目应该具有召唤灵感的作用，如果受到这类题目的熏陶，那么久而久之，就必然潜移默化，人也变得越来越聪明，即使不成为名家，也必然是特级教师或解题能手了，这就是所谓“强将手下无弱兵”的道理。

好题目不可多得，贵在重视积累。现在从外文书上引来一题，为了节省篇幅，原文我就省略了。

设 $x$，$y$，$z$ 都是非零正整数（“非零”两字在这里可以删去，写在这里，无非是强调，说得更清楚一些而已），试问：不定方程 $x+y+z=20$ 共有多少组解？

这题当然不难，人人得而解之。有一种直截了当的想法是：

若 $x=1$，则 $y+z=19$，于是 $y$ 有 18 个数可以选取；由于 $x$，$y$ 都已确定，从而 $z$ 也就随之而定，再无自由变动之余地了。

若 $x=2$，则 $y+z=18$，于是 $y$ 有 17 个数可以挑选，同理，$z$ 也随之而定。

与上面的想法一样，亦步亦趋。最后，若 $x=18$，则 $y+z=2$，于是只能有 $y=1$，$z=1$ 一组答案了。

因此，总的挑选法共有 $18+17+16+\cdots+1=\frac{1}{2}(1+18)\times 18=171$ 种。

这种解法平铺直叙，不妨名之为“自由度”法。

第二种解法则异军突起，恍如飞来峰从天外飞来。

请注意：$1+1+1+\cdots+1=20$，式子中间一共含有 19 个“+”号，如果从中任意选择两个“+”号作为“分水岭”，则等式的左边就被区分为三段，前段作为 $x$，中段作为 $y$，后段作为 $z$，解法不是得出来了吗？于是我们猛然省悟，所提问题的解法实际就等价于从 19 个“+”号选取 2 个的组合数，于是马上得出 $\binom{19}{2}=171$ 种，解法自动浮出水面来了，简直是“大彻大悟”呀！

自古以来，东方哲学家们（尤其是印度与中国的古圣先贤们）对瞬间的灵感体会极深，称之为“顿悟”，现在存世的大量禅宗语录，可为明证。可惜它们大都用之于宗教或文学艺术方面，如六祖慧能大师或者唐代大诗人李商隐的“心有灵犀一点通”，科学上的事例非常稀少。爱尔兰大数学家哈米顿（Hamilton，1805～1865）走在桥上时突然触动灵机发现了“四元数”，化学家凯库勒梦见一条蛇咬住自己的尾巴而发现了苯的结构式，这类科学史上的佳话也是凤毛麟角，不可多得。

脑中突然闪耀的电火花，也就是压死骆驼的最后一根干草，说到底，其实就是科学发现与技术创新的第一推动力，也就是马丁·伽德纳先生（1914～2009）所说的洞察力（Clairvoyance）。他的杰作《啊哈！灵机一动》以几十种文字问世，至今风行不衰，成为数学科普书中的头号畅销书，一代又一代的人，都要去认真拜读啊。

但愿我国的出版界早下决心，把先生的全部著作译成中文。

# 04 概率·运筹·对策

## 4.1 方程求根赌输赢

生活中的博弈现象无处不有，但通过方程来赌输赢，那倒是凤毛麟角，非常少见的。其实，说穿了，它的赌法非常高雅，只是一种智力的角逐，同赌钱毫无瓜葛。

大毛是个很机灵的小伙子，他发现了一种数学游戏，在纸上写下一个一元三次方程，暂时留下三处空白

$$x^3+?\ x^2+?\ x+?\ =0$$

然后请甲、乙两人依次填空，甲先乙后，即甲先填一个，乙填一个，最后甲再填一个，要求填进去的数都是整数，正、负均可。

三个？都落实了整数以后，要求该方程必须有三个整数根。大毛认为，如果让他充当甲的角色，他一定能做到。

他拿了这个游戏去问小苗。小苗觉得由于乙可以任意填入一个数，而且有两个位置可以选择，“自由度”很大，甲输掉几乎是百分之百的事情。所以她对于大毛在她面前夸下的海口，认为毫无把握。不要说取胜了，连打平都没有信心。

可是，大毛倒真的说对了，说明他很有预见性。试问，他是怎样具体操作的呢？

甲可以先填 $x$ 的一次项，使其系数为$-1$，此时方程的形式变成

$$x^3+?x^2-x+?=0$$

这时，如果乙在 $x^2$ 项中填入系数 $N$，则甲在常数项（不含 $x$）中填入系数$-N$，譬如说，如取 $N=7$，则此时方程成为

$$x^3+7x^2-x-7=0$$

$$x(x^2-1)+7(x^2-1)=0$$

$$(x-1)(x+1)(x+7)=0$$

最后，解出来的三个根当然都是整数，如果乙在常数项中先填数，则甲的处理手法也类似，最后还是能够达到目的。

总而言之，在本游戏中，甲可以先占领制高点，最后又随乙而变，采用线性函数的正确应对方针，真是占尽便宜，甲的优势是明显的。

但如果甲的第一步走错，那就落败无疑。

说白了，它是一个因式分解与一元方程相结合的妙题。

## 4.2 瓜分赌注

概率论是一个非常重要的数学分支，在它的早期发展史上，有不少是与赌博问题有关的。

15 世纪末叶，在意大利出版的一本讲计算技术的教科书中，有位著名作家写道，假设在一次比赛中赢 6 次才算最终取胜，两名赌徒在一人已赢 5 次，另一人已赢 2 次的情况下，因事中断了赌博，那么总的赌金应该按照 5 与 2 之比分给他们两个。这样的分配办法好像很合理。

此书出版以后，许多人都有不同看法。譬如说，假定要赢 16 次才算最终得胜，两名赌徒已各赢了 15 次和 12 次，按照该作家所主张的分法，两个赌徒所分到的钱相差不多。但事实上，已经赢了 15 次的赌徒只要再赢 1 次就可以把全部赌注拿到手上了，而他的对手却需要再连赢 4 次才行，所以作家所建议的分法好像不大合理。

数学家卡丹诺（Cardano，1501～1576）认为，着眼点不应该是已经赌过的次数，而是剩下来的次数。在这个问题中，以后的赌博只有 5 种可能结果，即前一个赌徒赢第一次，或者赢第二次，或赢第三次，或赢第四次，或四次都完全输掉。于是，卡丹诺认为，赌注应该按照(1+2+3+4)∶1 即 10∶1 的比例来分配。

可是人们对卡丹诺的分配办法也不以为然，提出了种种异议。

请你想一想，正确的办法应该如何？

按照“概率论”的原理，应当考虑以后四次赌博的所有可能结果，很明显，它一共有 $2^4=16$ 种可能，其中除了一种可能性是已占优势的赌徒连输四局外，其余都是第一个赌徒获胜。因此，赌注不是按照 10∶1的比例来分配，而是应该按照更悬殊的比分，即 15∶1 的比例来分配。

法国大数学家帕斯卡和费马都曾经研究、分析过这个中断赌博问题，他们应用了不同的方法而得到了相同的结论。

尽管如此，有人还是不服气。他的论点如下：赌徒甲所得的 15 分，可能是从赌博一开始连赢了 15 场，而在这以后的 12 场中，他全部都输掉了。两人赌技的优劣，形势已经完全逆转，这种情况考虑不考虑？

我们知道，概率论一般是研究随机现象的，所以，这种极端的例子通常不予考虑。它也不能作为反例来推翻帕斯卡和费马两位大师所得出的结论。

## 4.3 生日的巧合

$n$ 人中，至少两人有相同生日的概率是多少？这是一个非常有名的题目，可以算出，这一概率是

$$p(n)=1-\frac{P_{365}^{n}}{365^{n}}$$

这一概率显然是 $n$ 的函数。出人意料的是：当 $n\geqslant 23$ 时，$p(n)$ 居然大于 $\frac{1}{2}$，你们在事先能猜想到这一点吗？

概率论专家，美籍华人钟开莱先生已经计算出 $n$ 为各种不同数值时的 $p(n)$ 值，请看表 4-1（原表甚长，这里仅摘录其中的一小部分）。

**表 4-1**

| $n$ | $p(n)$ |
|---|---|
| 5 | 0.03 |
| 10 | 0.12 |
| 20 | 0.41 |
| 30 | 0.71 |
| 40 | 0.89 |
| 50 | 0.97 |

美国历史较短，从华盛顿就任第一任总统以来距今不过二百来年。有人异想天开，拿历任总统的生日来验证一下这个理论。

结果居然发现，在 39 位美国总统中，有两人的生日相同。詹姆

士·波尔克（J. Polk）与华伦·哈定（Harding）两位总统都生于11月2日。

这种有趣的概率验证，是否也能移植到中国的历史事例呢？从1911年辛亥革命，直到1949年大陆解放，当过“总统”的先后有孙中山、袁世凯、黎元洪、徐世昌、冯国璋、曹锟、蒋介石和李宗仁（李只是“代理”总统，还不算是正式的），人数未免太少。从上表可以估计，生日重合的概率连0.1都不到，自然是吻合不起来了。

既然如此，那么用皇帝来代替总统，行不行呢？但是这件事情，说起来容易，做起来却极其困难。中国封建社会的历史很漫长，大大小小的皇帝不计其数，有些皇帝的生日在正史上有明文记载，如唐太宗李世民、唐玄宗李隆基、宋高宗赵构……但是绝大多数皇帝的生日已经无法查考，再加上中国的历法又极其复杂。所以，别人的经验，我们的历史学家是无法照搬的。

倒是《红楼梦》第62回“憨湘云醉眠芍药裀，呆香菱情解石榴裙”这回书里，明明白白地写着：“宝玉生日已到，原来宝琴也是这日，二人相同。”后来才知道，平儿与邢岫烟的生日其实也在同一天，于是史湘云就同她们开玩笑，“你们四个人对拜寿，直拜一天才是。”探春笑道：“倒有些意思，一年十二个月，月月有几个生日。人多了便这样巧，也有三个一日的、两个一日的……过了灯节，就是老太太和宝姐姐，她们娘儿两个遇得巧。”袭人道：“二月十二是林姑娘……”宝玉笑指袭人道：“她和林妹妹是一日，所以她记得。”

《红楼梦》虽是一部小说，但却被称作中国封建社会的一部百科全书，其中反映了不少真人真事。作者曹雪芹不惜花费笔墨，对此种生日吻合现象加以描写和记录，绝非向壁虚构……大观园这个不大不小的群体，夫人、小姐、丫环、使女、姬妾，即使不算仆妇、老妈子，其人数当也在百人之上吧，所以概率规律肯定可以起作用了。

## 4.4 物以稀为贵

在已经过去的20世纪，有一批德、识、才、学十分优异的华裔学者出于各种原因长期居留美国，教书育人，在科、教、文、卫等领域做出了杰出贡献。这些知名人士中有语言学家赵元任、数学家陈省身，原籍江苏无锡的胡家三兄弟：胡敦复、胡明复、胡刚复，曾任北大校长的胡适，建筑学家贝聿铭，在上海交通大学当过江泽民的老师的顾毓琇，以及美国哈佛、耶鲁、麻省理工学院等一流名牌大学的名教授王浩、项武义、钟开莱等各位先生。

美国斯坦福大学教授、概率论专家钟开莱先生就是一位教学艺术达到炉火纯青境界而又极富幽默感的名流学者。

在刚刚过去的一个世纪中，概率论已从一个较小的、孤立的课题发展成为一个内容宽广而深入的庞大学科，它对各种应用科学，诸如军事、运筹、生物、医学、经济、统计、心理、体育运动的数学化起着重要作用。随着时间的推移，概率论已在大学课程中安营扎寨，牢不可破地占了一席位置，但是它并不容易学习，优秀渊博、趣味横溢的教科书尤其少见。

世界闻名的斯普林格出版社（Springer-Verlag）看中了钟开莱先生在斯坦福大学的讲课笔记，把它扩充成为一部名著，其中收入了一些哲学的、历史的以及生活中的丰富实例，以及某些挑战性的课题，如坛子模型、统计物理、遗传模式以及流浪者的随机游动等。读了它之后，可以触发灵感，跃跃欲试，从而得出许多前人从未梦想过的创造成果，例如，一位宁波籍的青年学者研究出的领带打法与随机游动的联系，诸如此类，令许多人刮目相看，击节叹赏。

扑克牌传入中国以来，受到城乡人民的普遍欢迎，而与象棋、围棋等传统游艺融为一体。但一般人对其胜负所依据的概率原理很不了解，只知道机械执行。而在现阶段高中或中专、技校的代数与排列组合章节中也很少触及，或者语焉不详。

众所周知，把 52 张牌彻底洗过，从中抽取 5 张牌，则决定胜负的游戏规则为

$$\text{同花顺子}\xrightarrow{\text{胜}}\text{四条}\xrightarrow{\text{胜}}\text{富而好施}\xrightarrow{\text{胜}}\text{同花}\xrightarrow{\text{胜}}\text{顺子}$$

这是大家所公认的，人人信守不渝，百分之百地照办，从来无人提出质疑。然而何以要如此规定，则是不知其所以然。

这五手牌都是难得一见的“紧缺货”，然而其出现概率则大有不同。按照钟开莱先生的计算，这些概率全都可以用一个分数来表示，公共的分母为组合数

$$\binom{52}{5}=\frac{52\times51\times50\times49\times48}{1\times2\times3\times4\times5}=2598960$$

这个数字不算很大，仅为上海人口数的1/10，我们知道，美国彩票的出售总额动辄超过一亿五千万张，与之相比，简直是小巫见大巫了。所以，这五种大牌在扑克牌的实战史中，都曾经不止一次地出现过。

按照计算的难易程度，让我们依次来分析。

(1) 四条

显然，这个概率的分子应该是13×48＝624。何以见得，由于四张牌的点数必须相同，所以它们必然是AAAA，2222，……直到KKKK，共有13种，而剩下的一张牌则是（52－4）张牌中的任一张都可以，所以根据排列组合中的“乘法原理”，分子应为13×48＝624，从而出现四条的概率是

$$\frac{624}{2598960}\approx0.0002401$$

(2) 同花

分子上的数应为$4\times\binom{13}{5}=4\times\frac{13\times12\times11\times10\times9}{1\times2\times3\times4\times5}=5148$。扑克牌有黑桃、红心、方块、梅花（也有叫“草头”的）四种花色，每种花色有13张牌，这个道理略为一想就明白了，由此可以算得，出现同花的概率是

$$\frac{5148}{2598960}\approx0.001981$$

(3) 顺子

分子应为$10\times4^5=10\times1024=10240$。这是什么道理呢？原来，顺子的五张牌，其点数必须成为等差数列，就点数最小的一张牌而言，可以是一点（即爱司，Ace）到十点，共有10种情况，所谓“顺子”，主要着眼于牌的点数，至于牌的花色，那是不闻不问的。所以第一张牌可取四种花色之一，而第二、三、四、五张牌仍然如此，故应为

$$4\times4\times4\times4\times4=4^5$$

从而可以算出相应的概率为

$$\frac{10240}{2598960}\approx0.00394$$

这个概率接近于千分之四，不算太小。

(4) 同花顺子

分子应为 $10\times4=40$，道理已在上一段讲过，不必再赘述了，与其相应的概率为

$$\frac{40}{2598960}\approx0.00001539$$

出现同花顺子的机会微乎其微，真是“凤毛麟角”，难怪它在大牌中居于翘楚的地位矣。

(5) 富而好施（原文为 Full House，又可译为“满仓”或“满贯”，至今没有统一)，那是五张牌中有三张同点与两张同点的一组牌。在这种情况下，分子上的数应为

$$(13^2-13)\times\binom{4}{3}\times\binom{4}{2}=(169-13)\times4\times6=156\times24=3744$$

这种情况分析起来最麻烦一些，但也因此而更有趣味，我们从表 4-2中可以看出，主对角线上的情况不可能出现，应当排除，其他则均属可行，这就一举得出 $13^2-13=169-13=156$ 了；当然还可能有其他解法来导致同样结果，但毫无疑问这是“清澈见底”，最能表现“洞察力”的解法。至于 $\binom{4}{3}\times\binom{4}{2}$，当然是就牌的花色而言，我们已在前面说明过了。

**表 4-2**

| | AA | 22 | 33 | 44 | … | QQ | KK |
|---|---|---|---|---|---|---|---|
| AAA | — | √ | √ | √ | … | √ | √ |
| 222 | √ | — | | | | | |
| 333 | √ | | — | | | | |
| 444 | √ | | | — | | | |
| ⋮ | ⋮ | | | | | | |
| QQQ | √ | | | | | — | |
| KKK | √ | | | | | | — |

这种牌的概率是

$$\frac{3744}{2598960}\approx0.0014406$$

到此地步，事情已经一清二楚。原来，胜负的规定是完全依照概率的大小来决定的，严格遵守了“物以稀为贵”的原则。

最后应该说明的是Ace（爱司）这张牌的歧义。根据英汉大辞典的标准释义，它即是1点，又算王牌，比老K更大，所以实际上可算是14点，但这两种身份不能同时具有；所以A2345与AKQJ10都可看作“顺子”，然而JQKA2却是“非法”的组合，不能视为“顺子”。

钟开莱先生原来书中所计算出来的数据，同世界赌城拉斯维加斯（Las Vegas）的一位赌博专家的结果有差异，后来钟先生承认自己的推算有误，原因就在忽略了“爱司”Ace的歧义。

从善如流，知错必改，名家风度，毕竟不凡也。

## 4.5 蒙特·霍尔问题

一般公众对数学问题往往敬而远之，但有时数学问题也可以成为热点，轰动一时。

题目的设计者玩弄诡计，用通俗方式表达了一个概率趣题，并用一种事先经过深思熟虑、故意“节外生枝”的手法把问题弄得扑朔迷离，这样一来，就把广大公众吸引了过去，并在事后掀起了一场争论的余波。应该说，在数学的传播中，这样的事例是非常少见的。

电视节目主持人让你看三扇关着的门：1号门、2号门和3号门：主持人告诉你，其中一扇门的后面有一辆汽车，另外一扇门的后面，奖品价值微不足道，譬如说，只是一只垃圾桶。你可以从中选择一扇门，选定以后，这扇门后面的东西就归你了。这真是刺激眼球的好玩意，你当然希望得到汽车，但你只能凭运气，随意选择一扇门，此外别无良策。现在假定你已选中了一扇门（3号门），但在打开它之前，节目主持人打开了另外两扇门中的一扇（2号门），让你看到了垃圾桶。现在还剩下两扇门了，其中一扇门的背后有汽车。节目主持人鬼得很，他说，现在给你一个机会，允许改变原来的选择。也就是说，你是要坚持3号门呢？还是换成1号门？

99%的人面临这一挑战时将会坚持他们原来的选择，其理由是，这是一种50对50的选择，干吗要改变主意？不过，这里头有点小小的花招，使问题变得非常诡诈。其实，它并不是50对50的选择，因为节目主持人打开了一扇他明知有垃圾桶在内的门，目的当然是存心制造紧张气氛。你所选中藏着汽车的门的机会是1/3，而它在另外两扇门中之一的机会为 2/3。当节目主持人打开藏着垃圾桶的那扇门之后，另外的门中藏着汽车的机会仍然是 2/3。

可是，经验告诉我们，上述简短的解释显得力度不够，无法说服批评家与心存疑虑者，他们认为改变选择也许不失为一种好主意。不过，最好的办法还是要通过实验来搞清楚。下面就来介绍一种模拟实验的方法。

请一位朋友（我们不妨称之为阿 Q）来发三张牌，其中有一张 A，发牌时，张张牌都要面朝下。阿 Q 必须心中有数，究竟哪张牌是 A。要求你挑出 A 牌，它就代表汽车。

你得先认定一张牌，然后阿 Q 翻转一张他肯定知晓不是 A 的牌。于是他问你，要不要换一张牌，还是坚持原来的，在你作出决定之后，他把牌翻了过来，于是，真相大白了……

通过做随机实验，大致情况如下；如果你坚持原来的牌，那么你大致有相当于总数 1/3 的机会赢得比赛，如果你决定换牌，那么你将有相当于总数 2/3 的机会赢得比赛。总之，肯定超过一半。除非你特别晦气，极不走运。请把这个游戏至少玩上 10 次，你就会开始明白，为什么它并不是 50 对 50 的道理。

最后要把历史考证简单交代一下。尽管现在大家都称它为蒙特·霍尔问题，实际上它起源于 20 世纪的 30 年代，甚至更早些。看来极不可能在蒙特·霍尔的出场表演中有过文中所描述的情节。按照他本人的说法："在台上，我的确出示过藏在某一扇未选中的门背后的东西，但我记不起我曾给参赛者提供过什么机会，要他考虑是否调换一下原来选中的门与剩下的一扇门。我曾问过许多同事，他们能否想得起我曾有过那种表演，除了一个人以外，别人统统都说没有那种事情。"

# 05 幻　方

## 5.1 反幻方

最简单的反幻方是三阶的。二阶反幻方是根本不存在的，因为 1+4=2+3，无论怎样排列，怎样颠来倒去，总是会不期而遇地撞车。正应了老乡们的一句口头禅:“躲得过初一，可是躲不过月半。”所以二阶反幻方是造不出的。

至于有九个空格的三阶幻方，要把 1，2，3，4，5，6，7，8，9 九个数字任意填进去，共有 9！=362880 种填法，但由于旋转和反射都不过是“换汤不换药”，每 8 种排列实质上只好算 1 种，所以上面的数字要大大打一个折扣，只能有 $362880\times\frac{1}{8}=45360$ 种。

这个数字还是很大，我们不妨随便写出一个来看看（图 5-1）。由于它是任意书写的，当然不具备幻方的性质。但是，读者们或许会发觉，在此图中，7+1+8=3+5+8=16，也就是说，在这个随便填写的 3×3 正方形阵列中，某一行与某一列上的三个数字之和正好碰巧相等了。

| | | |
|---|---|---|
| 6 | 2 | 7 |
| 9 | 4 | 1 |
| 3 | 5 | 8 |

图 5-1

在普通幻方中，和相等是追求的目标，但在反幻方中，却是力图避开。所谓三阶反幻方，就是要用 1 到 9 九个自然数填进 3×3 的正方形阵列中，必须使其中任意一行、任意一列，乃至任意一条对角线上的三个数字之和统统不相等。能满足上述条件的反幻方为数不少，于是人们又给它添上各种附加条件。其中较为引人入胜的附加条件是：凡是填到 3×3 正方形阵列中的自然数必须按顺序邻接成为螺旋形状。

有人已经找到了这样的“螺旋反幻方”，它们倒是“物以稀为贵”，只有两个，见图 5-2 和图 5-3。它们是一个转进去的螺旋与一个转出来的螺旋。从代数的观点来看，反幻方中对应的数字是互补的关系，如 1+9=8+2=7+3=…=10，只要算出了一个，那么另一个也就冒出水面，真是易如反掌。

| | | |
|---|---|---|
| 1 | 2 | 3 |
| 8 | 9 | 4 |
| 7 | 6 | 5 |

图 5-2

| | | |
|---|---|---|
| 9 | 8 | 7 |
| 2 | 1 | 6 |
| 3 | 4 | 5 |

图 5-3

不妨做一下验算，在上面这两个反幻方中，八个和数分别是

6，12，15，16，17，18，19，21（其中没有一个相同）与

9，11，12，13，14，15，18，24（也没有一个相同）

所以它们的确是地道的“反幻方”。

迄今为止，在反幻方的制作中，还没有什么简单的系统方法。有位美国著名科普兼科幻作家写道：“这些外星人正在做另外一道数学题。假使你在他们之前先做出来了，你就可以获得一百万美元的奖励。题目是：在 4×4 的正方形里填上 1～16 个自然数，不准重复，也不准雷同或遗漏。要求每行、每列、每条对角线上的四个数字之和都不相等，然而这些和必须是连续的自然数。”

当然这位美国作家的话很有点哗众取宠的味道，我们不能信以为真，可是题目的确有点难度，值得一试。

答案如图 5-4 所示。

| | | | |
|---|---|---|---|
| 6 | 8 | 9 | 7 |
| 3 | 12 | 5 | 11 |
| 10 | 1 | 14 | 13 |
| 16 | 15 | 4 | 2 |

图 5-4

不难发现，各行、各列以及对角线上的和数为

30，31，38，37，35，36，32，33，34，29

刚好是从 29 到 38，不多不少，十个连续自然数。

也请读者们想一想，仿照三阶反幻方的“螺旋”办法能不能造出四阶反幻方？

## 5.2 颠倒幻方

用数字来总结人生，难免吓人一跳。譬如说，抽过多少烟，走过多少路，制造了多少吨废物之类，这些都不过是到人世走一遭的“足印”而已，很无聊，也很乏味。可是对于一个作家来说，数字却是一个硬指标，高产而高质量，那就令人叹为观止了。譬如说张恨水吧，他的一组数字是：四十年办报生涯，一生写小说三千余万字，散文四百万字，曾经同时在十家报纸上辟设长篇小说连载专栏，稿费收入之多也令人望尘莫及了。

“白门杨柳”，“秦淮日暮”……看了他的文章，自然就会想起在南京夫子庙茶馆吃早茶的情景。人们说得好：“不上夫子庙，等于没有到过南京”。天南地北的各种小吃，夫子庙几乎都有。上海的城隍庙与之相比，难免“小巫见大巫”、黯然失色了。

数学里头也有许多小吃，幻方便是其中最有滋味的。在本丛书中，吴鹤龄先生已经收集了许多“精品”，下面让我来谈一下，他的巨著中没有涉及的东西，也算是拾遗补缺吧。

有一张正方形纸片，共有 16 格，其中已经填好 10 个两位数，还有 6 个两位数，改用 6 个英文字母替代。现在要求你用合适的两位数填进去，替换掉字母，使每行、每列及每条对角线上的四数之和都相等。这倒也算了，还要求把纸片颠倒过来看时，此项性质依然成立。

奥妙的是，6 个英文字母并不是乱点鸳鸯谱，“拿到篮里就是菜”的，之所以选定它们，是因为这几个字母 I、N、O、S、H、X 颠倒过来看时，其形状不变，而短句的意思则是“我要来点小吃”，真乃妙不可言。顺便指出，NOSH 是个俚语中才有的动词，一般初学英语者不太会用（图 5-5）。

| | | | |
|---|---|---|---|
| 96 | N | 89 | 68 |
| 88 | 69 | 91 | O |
| S | 86 | H | 99 |
| 19 | 98 | I | X |

图 5-5

由观察可知，在阿拉伯数字中，像 3，4，5，…，颠倒之后，就面目全非，谁都不认得了。能保持不变的，只有 0，1，6，8，9，然而，以 0 开头的两位数，通常并不认为它是真正的两位数，由于不合要求，所以在组建颠倒幻方时，必须把它排除在外。

作了上述解释之后，我们就能轻而易举地找出答案，先从副对角线上的四个数目，求出幻方常数

$$19+86+91+68=264$$

然后跟踪追击，分别求出 I，S，H，N，O，X，答案就出来了（图 5-6）。

| | | | |
|---|---|---|---|
| 96 | 11 | 89 | 68 |
| 88 | 69 | 91 | 16 |
| 61 | 86 | 18 | 99 |
| 19 | 98 | 66 | 81 |

A

| | | | |
|---|---|---|---|
| 18 | 99 | 86 | 61 |
| 66 | 81 | 98 | 19 |
| 91 | 16 | 69 | 88 |
| 89 | 68 | 11 | 96 |

B

图 5-6

不难看出，A 图倒过来看是 B 图，而 B 图倒过来看也是 A 图；就像照镜子，惟妙惟肖，你中有我，我中有你，分不清楚谁主谁从、谁正谁副了！

事实上，下面七对二位数互为镜像数，它们是

96 与 69
89 与 68
91 与 16
61 与 19
86 与 98
18 与 81
66 与 99

而 11 与 88 是自对偶的。英语大写字母中，颠倒过来看形状不变的，除了上面的 6 个外，还有一个 Z。

数学里头居然还有这样的美味“小吃”，当然是令人百吃不厌了。

## 5.3 偏心幻方

日本的幻方研究很有特色，引起世界各国的重视，这里面自然有着多方面的原因。毫无疑问，日本的幻方自中国传去，但历来受到数学界重要学术名流的重视，号称“和算圣人”的关孝和，本身对幻方就有许多研究成果。难怪日本能培养和造就了一大批很有实力的研究者，数学学报、专业期刊、科普读物与教科书上也不时发表涉及幻方的文章。

其次是他们也像对待家用电器与汽车那样，并不故步自封、墨守成规，注重开发“新产品”。于是，各式各样光怪陆离的新幻方就都纷纷出笼，先后问世了。

譬如说，对于嵌套幻方，从古到今，只知道是“同心”的，无论哪个层次，奇数阶幻方中只能有奇的幻方；偶数阶幻方中只能有偶的幻方。奇、偶之间，简直是“鸡犬之声相闻，老死不相往来”。在以前，几乎所有中国与西方的数学古籍，你找不到一个奇、偶相间的。

因此，“偏心幻方”的出现，使人们大吃一惊，简直有点不相信自己的眼睛了，爱挑剔大概是人们普遍存在的一种毛病吧，于是大家便拼命想在它的里面挑碴儿、找漏洞，企图证明它的不成立。

然而，证明它不成立的一番努力是徒劳的。任凭风吹浪打，它却宛如闲庭信步，岿然不动。请看图 5-7 中的这个 8 阶幻方，不难看出，方阵中的元素，确是自 1 至 64 的自然数，完全符合幻方的经典定义与模式。这一 8 阶幻方的常数等于 260，与理论推算完全吻合，然而，偏处一侧的 5 阶幻方，其幻方常数却等于 164，有点离经叛道了。

不妨再来解剖一下麻雀，这个怪异的 5 阶幻方，究竟收罗了一批什么样的货色呢?

不查不知道，清点以后，倒是令人大有启发的：

开头十个数

1，2，3，4，5，6，7，8，9，10

结尾十个数

64，63，62，61，60，59，58，57，56，55

中间五个数

30，32，34，36，38

“标新立异”在科学上从来就不是坏事。

| | | | | | | | |
|---|---|---|---|---|---|---|---|
| 50 | 12 | 13 | 52 | 47 | 26 | 37 | 23 |
| 24 | 32 | 6 | 55 | 7 | 64 | 51 | 21 |
| 22 | 62 | 63 | 5 | 30 | 4 | 29 | 45 |
| 53 | 9 | 56 | 8 | 57 | 34 | 18 | 25 |
| 28 | 2 | 3 | 38 | 60 | 61 | 19 | 49 |
| 33 | 59 | 36 | 58 | 10 | 1 | 43 | 20 |
| 39 | 40 | 42 | 27 | 35 | 16 | 15 | 46 |
| 11 | 44 | 41 | 17 | 14 | 54 | 48 | 31 |

图 5-7

## 5.4 象飞马跳，大行其道

美国幻方专家安德鲁斯先生在其专著《幻方》一书中报道："可尊敬"的圣公会牧师弗洛斯特先生在印度传教多年，致力于把东、西方文明熔成一炉，他一生过得很清贫，但由于在业余生活中将幻方作为消遣，极为自得其乐。伦敦的南凯星顿大英博物馆中收藏着他的东西，还有一大堆从未发表过的材料。

在整理他的遗物时发现有一块精巧无比的玉器挂件，原来是印度的王公贵族们佩戴在身上作为"护身符"（*Amulet*）用的。

经过民俗学家，梵文专家与数学工作者的通力合作，终于把护身符上的咒语与图形翻译成了现代文字。前者当然属于迷信东西，可以略而不论。但所附之图形却是一个奇妙透顶的幻方"精品"。在发现初期，许多人都还吃不透它的精神，差点让一些奥妙性质在眼皮底下滑了过去。

该精品是一个 8 阶幻方，正好把 1 到 64 的连续自然数网罗了进去，由于是 8 阶的，刚好又同国际象棋的棋盘吻合了。众所周知，国王打算重奖国际象棋发明者的那个"麦粒"故事，几乎所有学过数学的人都知道。于是人们不禁要问：这次又碰到象棋盘，该有什么新鲜玩意？老生常谈的东西，我们已经非常厌烦，不想再听了。

"大大的有"，我们可以满怀信心地回答。原来，在这个"精品"幻方中，除了具备一般幻方的通性（任一横行、纵列或对角线上的 8 个数字之和都等于常数）之外，还具备下面的特性：

(1) 在象棋中，马有"八面威风"之称，在图 5-8 中任意选一个起点，任意取一种走法、一门心思（即中途不得改变方向与走法）地走下去，必定可以回到出发点。这里要说明的是，我们所走的是一只大棋盘，像 *DNA* 的"复制品"一样，可以在上、下、左、右无限重复。

例如，可以选 55 为起点，向右下角"一步一拐"地前进，这样反复进行下去，最后必定仍然回到 55，然后把途中所经过的 8 个数字全部加起来，其和必定等于常数 260，同行、列与对角线的常数竟然完全一致。

你如果不相信，不妨再另外找一个起点，换一个方向去试试马的步法，保证万无一失。

(2) 国际象棋中，象（原名 *Bishop*，即“主教”之意）的威力大大增强了，它实际上是一只“斜走的车”，步数可以不限，又无“汉界、楚河”的限制，只是黑格的象不能走到白格中去。

令人震惊的是，任选一个起点走象步，就像是流行歌曲“妹妹你大胆地往前走，不回头……”那样，可是结果却回到了起点。再把途中所经的各数相加起来，其和仍然等于常数。

如图 5-8 中从 58 出发，按右上方象步走一格，即得

$$58+38+20+49+7+27+45+16=260$$

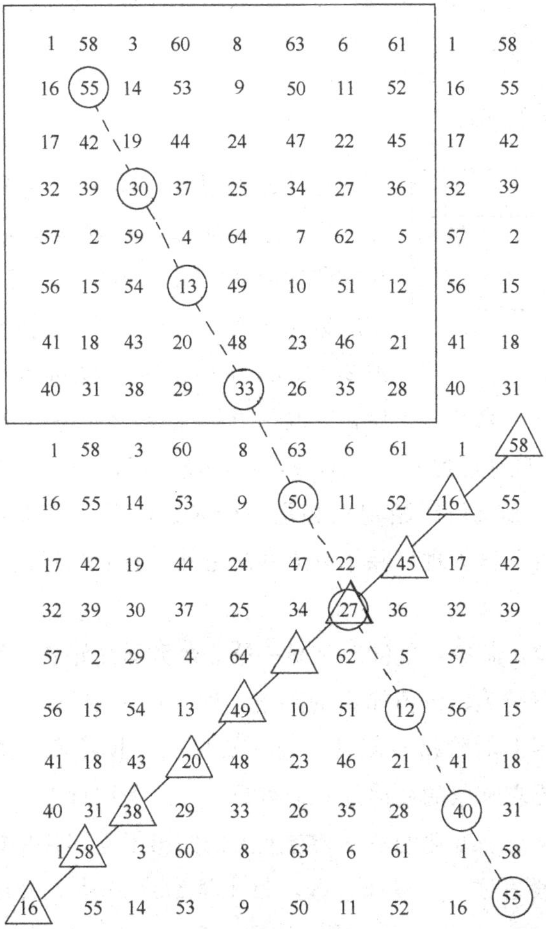


图 5-8

(3) 在任意一个二阶矩阵中的四个数字（注意不仅是一般意义的相邻，而是广义的相邻）之和都等于幻方常数的一半，即130。例如

$$1+58+16+55=130$$

$$1+16+61+52=130$$

$$1+58+40+31=130$$

等等。

印度是世界上四大文明古国之一，他们的数学遗产相当丰富，可说是全人类的共同财富，正等待着人们去发掘、整理。

树高千丈，叶落归根。本图是一个神奇无比的幻方，发明者为印度无名氏。图中虚线表示走马步，实线表示走象步。左上角用线框出的便是这个精品幻方。

## 5.5 素数幻方

| | | |
|---|---|---|
| 569 | 59 | 449 |
| 239 | 359 | 479 |
| 269 | 659 | 149 |

图 5-9

图 5-9 的幻方，其中的九个数字都是素数。素数也叫质数，是数学里头的热门课题。在这些数目中，最小的是 59，最大的是 659，结尾数字全是 9，无一例外。这些数目，不能被 2，3，5，7 等除尽，当然我们并不需要一个一个地去试除。拿 659 来说，它的平方根比 25 大一些，不到 26，我们只要用 25 以下的素数 2，3，5，7，11，13，17，19，23 去试除，如果都不能整除，那就可以断定它必是一个素数，至于三阶方阵中的其他数，当然也可同样处理。除了以上办法之外，我们当然也可以去查现成的素数表。

外国有位集邮家，他同时又是一位业余数学爱好者，废寝忘食地收集了好多图案精美、价值昂贵的邮票，用它们来制作“素数幻方”。当然，邮票市场上的价格日新月异，一涨再涨，收藏家不能根据市场价格，他必须要求邮票的面值是一个素数。在欧美和日本，这样的收藏家为数不少，甚至在专业的数学杂志上为他们出了专刊和特集。

按照一般看法，1 不算素数，整个素数序列从 2 开始：2，3，5，7，11，13，17，19，…，一直延伸到无穷。其中 2 是唯一的偶素数。

很明显，在制造素数幻方时，2 是必须排除在外的，这是因为

奇数+奇数=偶数

偶数+奇数=奇数

偶数+偶数=偶数

拿三阶幻方来说，如果把 2 放入某一格中，那么，含有这一格的行、列或对角线，其和必为偶数，然而不含 2 的行、列或对角线，其和必为奇数，于是就产生了矛盾。所以素数 2 是一个不合群的古怪家伙，在制造素数幻方时必须无情地把它“开除”出去！

制造素数幻方，一般来说，难度不小。当幻方的阶数增高时，情况尤其复杂。用素数序列中的连续素数（不能“跳越”）能否制造出幻方，这是一个很有趣的问题。

日本著名幻方研究家寺村周太郎先生经过长期探索，终于在 1979 年 11 月 7 日造出了一个高达 10 阶的素数幻方（图 5-10）*，其中的“元素”全部是连续素数，完全覆盖，一无遗漏，更无逾越。这个重大发现，使整个组合数学界大大地吃了一惊，因而被学术界认为是幻方研究中的一块“里程碑”，至今这个纪录仍由他保持着，无人能够打破。

| | | | | | | | | | |
|---|---|---|---|---|---|---|---|---|---|
| 169 | 23 | 137 | 431 | 373 | 379 | 521 | 179 | 401 | 251 |
| 443 | 227 | 173 | 419 | 491 | 263 | 523 | 113 | 181 | 29 |
| 277 | 31 | 191 | 409 | 349 | 571 | 499 | 109 | 157 | 269 |
| 281 | 241 | 211 | 367 | 509 | 433 | 383 | 199 | 131 | 107 |
| 127 | 163 | 257 | 457 | 397 | 461 | 389 | 239 | 223 | 149 |
| 151 | 193 | 233 | 503 | 467 | 479 | 271 | 229 | 139 | 197 |
| 283 | 563 | 347 | 47 | 67 | 83 | 79 | 337 | 463 | 593 |
| 421 | 541 | 317 | 103 | 71 | 43 | 59 | 311 | 547 | 449 |
| 359 | 293 | 557 | 73 | 101 | 61 | 41 | 577 | 313 | 487 |
| 353 | 587 | 439 | 53 | 37 | 89 | 97 | 569 | 307 | 331 |

图 5-10

收入这个 10 阶素数幻方的最小素数为 23，即整个素数序列中的第 9 号，最大素数为 593，即序列中的第 108 号。10 阶幻方常数为 S=2862。

* 详见日文パズル懇談会ニュース 1979 年第 8 期。

尤其令人啧啧称奇的是：10 阶幻方的“肚子”里竟然还有一个 4 阶素数幻方，从 37 到 103（素数序列的第 12 号到第 27 号），也是连续素数，而这个 4 阶连续素数子幻方的和常数 $S'=276$。

前几年，总部设在安徽省芜湖市、由我国业余数学爱好者自发组织起来的中国幻方研究会自成立以来已取得不少研究成果，他们一直要求本文作者提供资料以供学习、借鉴和赶超，我当然是欣然从命、乐观其成的。

## 5.6 六阶幻方之王

要介绍这个幻方领域的稀世奇珍，先来讲个小故事、小插曲。

有一次，普鲁士斐特烈大王决定举行一次盛大的阅兵典礼，打算从 6 支部队里面，各选出 6 个不同军衔（如上校、中校、少校；上尉、中尉、少尉）的军官各一人，合计 36 人，排成一个每边正好有 6 人的方阵，要求每行每列都必须有各个部队和各种军衔的代表，既不准重复，也不能遗漏。这件事情看来很好办，不料命令传达下去之后，却根本无法执行。阅兵司令接二连三地吹哨子、喊口令，排来排去，始终不符合国王的要求，急得像只热锅上的蚂蚁。执事官员和国王的侍从们见事不妙，只好临时找个借口，支吾过去。但这已使得斐特烈大王在众多的外国贵宾面前窘态毕露，出足了洋相。

事后，斐特烈大王对这件事情始终耿耿于怀，认为阅兵司令竟连这点小事也办不好，真是个草包。他就自己动手试试，在纸上编排一下，可是试来试去，竟然也无法成功。于是，他只好去向许多学者讨教，可他们也都束手无策。最后，他不得不去请教当时欧洲第一流的大数学家欧拉，希望能找出一个解决方案来。

那时欧拉已经很老了。在此之前，不知有多少个令人望而生畏的数学难题在他手里迎刃而解。但是这样一个连小孩子也明白其意义，看上去非常简单的“36 军官问题”，竟然也把他难住了。经过长期苦心研究，他终于认为国王的要求是无法满足的，也就是说，那样的六阶方阵是排不出来的。

这类方阵在数学上称为正交拉丁方。目前，它在实验设计（design of experiments）中非常活跃，在农业、轻工、生物、食品、医药、家用化妆品等各方面都有很广泛的应用。利用它以后，生产企业就能够以较少的试验次数获得较好的结果，还能节省原料、改进配方、提高效益等等，好处多得说不完。

奇怪的是：三、四、五、七、八、九等各阶正交拉丁方都是做得出来的，偏偏就是六阶的不行。1901 年，法国有一位数学家泰利果真证明了它是不存在的。当年斐特烈大王偏偏碰上了它，真是晦气了。

正是由于六阶正交拉丁方的不存在，所以从 1～36（一般幻方元素都是从 1 到 $n^2$ 的连续自然数）的六阶完全幻方也就始终作不出来，白白浪费与虚掷了中、外各国许多幻方研究家的心血，老是功败垂成，功亏一篑。

许多专家都鸣金收兵、知难而退了。当时只剩下一个倔强的老人还在坚持，他就是本书作者的老朋友，年登耄耋的南京市邮电局退休职工丁宗智老先生。

丁先生博览群书，尤其对中国传统文化造诣甚深。他认为，在古人的心目中，6 一直是个祥瑞之数。含有 6 的成语不计其数，如“雪飞六出”、“六丁六甲”、“六畜兴旺”（马、牛、羊、鸡、犬、猪称为“六畜”）、“精通六艺”、“横扫六合”，乃至于连市井小民都极口称赞的“六六大顺”。然而六阶完美幻方不存在，这不是明显的矛盾与抵触吗？

丁先生果断地认为，一定存在着解决之道，但必须另辟蹊径。经过无数个不眠之夜，他终于干净、利落、出色地解决了这个大难题。原来竟是“踏破铁鞋无觅处，得来全不费功夫”，山重水复疑无路，柳暗花明又一村啊。

如果用 1 到 36 去做素材，营造完美幻方，那是“此路不通”的。但是，人们如果打破思维方式的束缚和禁制，来一个“风物长须放眼量”，先扩大到 1 到 49，排成如图 5-11 的七阶方阵，然后再去掉中间一行和中间一列上的数，剩下来的数，不多不少，恰恰是 36 个。说也奇怪，经过这

| | | | | | | |
|---|---|---|---|---|---|---|
| 1 | 2 | 3 | 4 | 5 | 6 | 7 |
| 8 | 9 | 10 | 11 | 12 | 13 | 14 |
| 15 | 16 | 17 | 18 | 19 | 20 | 21 |
| 22 | 23 | 24 | 25 | 26 | 27 | 28 |
| 29 | 30 | 31 | 32 | 33 | 34 | 35 |
| 36 | 37 | 38 | 39 | 40 | 41 | 42 |
| 43 | 44 | 45 | 46 | 47 | 48 | 49 |

图 5-11

样一种“开刀”手术之后，“癌”细胞就被彻底割除，起死回生，不但完美幻方可以创造出来，而且它后来居上，甚至比先出世的其他各阶完美幻方，更加神奇，更加奥妙得多，从而赢得了“六阶幻方之王”的美名。

不可思议的是，其他西方杰出研究家所造出的六阶完全幻方，用的“建筑材料”竟然与丁宗智先生完全雷同，全部吻合，不存在一星半点的差异。从而使人更加相信，牛顿与莱布尼茨不谋而合地各自独立发现微积分，确实是千真万确的事实了。

上面的这段话可能稍微有点长，但这是必要的铺垫，不得不说。读者们在看到图 5-12 中的这个“六阶幻方之王”以后肯定会大喜过望，从而把厌烦情绪一扫而光，因为它确实太神奇了。

| | | | | | |
|---|---|---|---|---|---|
| 1 | 42 | 29 | 7 | 36 | 35 |
| 48 | 9 | 20 | 44 | 13 | 16 |
| 5 | 38 | 33 | 3 | 40 | 31 |
| 43 | 14 | 15 | 49 | 8 | 21 |
| 6 | 37 | 34 | 2 | 41 | 30 |
| 47 | 10 | 19 | 45 | 12 | 17 |

图 5-12

除了每行、每列、每条对角线（包括主对角线、副对角线，以及“折断”了的对角线）上的 6 个数字之和都等于幻方常数 150 之外，还有八条重要性质，下面让我结合图形（图 5-13～图 5-20）进行简要解释，以供读者欣赏。所有 8 个图都有着一个共性，即图中有☆号的这些数目之和等于

25×（☆的个数）

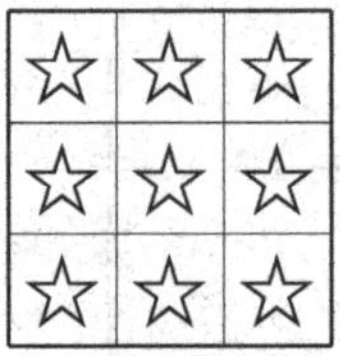

图 5-13

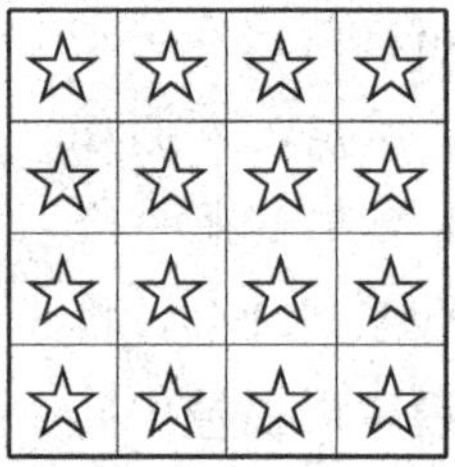

图 5-14

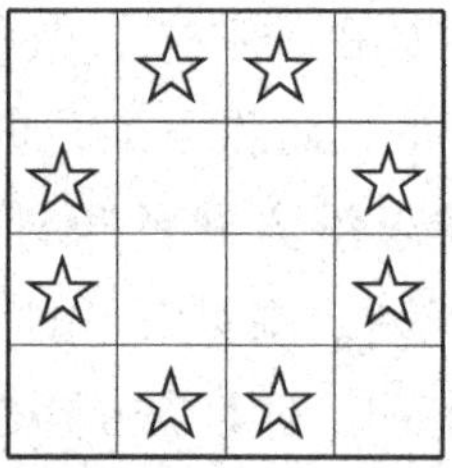

图 5-15

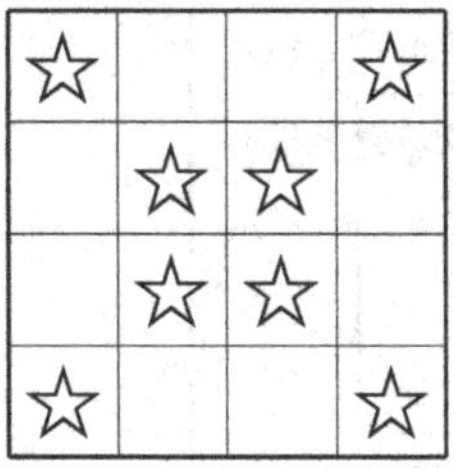
图 5-16

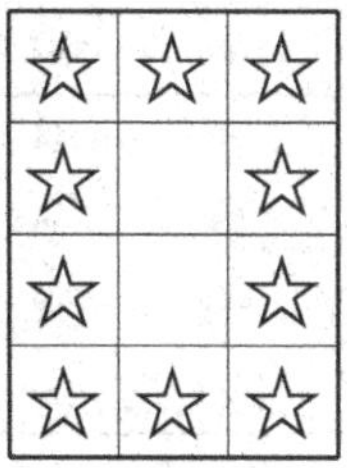
图 5-17

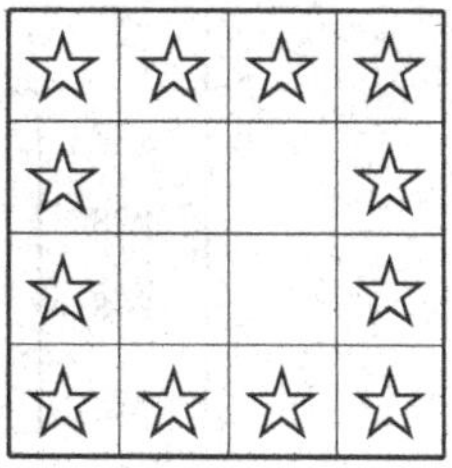
图 5-18

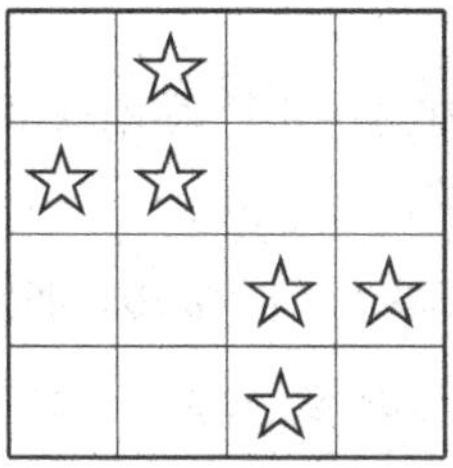
图 5-19

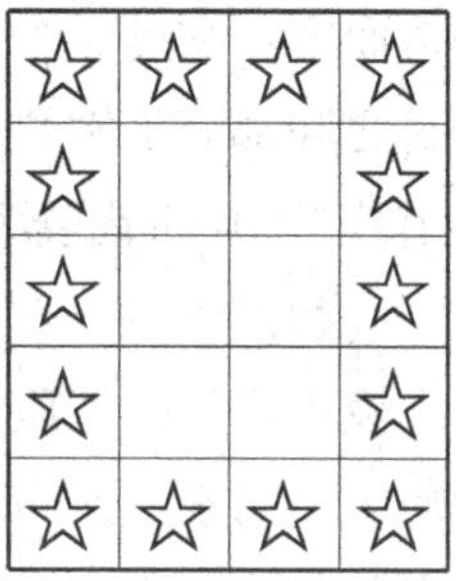
图 5-20

图 5-12 这个六阶幻方中，任何一个三阶方阵中的九数之和等于 25×9，即 225，例如

$$38+33+3+14+15+49+37+34+2=225$$

还应注意的是，第一列与第六列是“相邻”的，第一行与第六行也是如此，所以，还有以下的等式成立，例如

$$1+48+5+36+13+40+35+16+31=225$$

其他类似情况请读者们自行一一验证去吧。

如图 5-14 所示，任何一个四阶方阵中，16 个数目之和等于 25×16=400，例如

$$9+20+44+13+38+33+3+40+14+15+49+8+37+34+2+41=400$$

## 5.7 加乘混合，内外有别的幻方

美国纽约市有一位趣味数学狂热爱好者、业余魔术大师罗纳德·爱德华茨（Ronald B. Edwards）发现了迷人的加、乘混合幻方（图 5-21）。

| | | | | | |
|---|---|---|---|---|---|
| 223 | 283 | 200 | 322 | 163 | 164 |
| 177 | 408 | 336 | 244 | 12 | 178 |
| 228 | 122 | 24 | 306 | 448 | 227 |
| 258 | 36 | 488 | 112 | 204 | 257 |
| 308 | 224 | 102 | 48 | 366 | 307 |
| 161 | 282 | 205 | 323 | 162 | 222 |

图 5-21

就其整体而言，它是一个普通六阶幻方。任一横行、纵列与对角线上的六个数目之和都等于常数 1355。

但是，由线框出的内部四阶幻方却是一个乘幻方，积常数为 401393664，请读者自行验证。

还有一个极不寻常的性质令人啧啧称奇，大跌眼镜。原来，把内部四阶幻方中的每个元素都逆序书写，即将 408 改为 804、24 改为 42 等，则将产生一个新的乘幻方（图 5-22）。

| | | | |
|---|---|---|---|
| 804 | 633 | 442 | 21 |
| 221 | 42 | 603 | 844 |
| 63 | 884 | 211 | 402 |
| 422 | 201 | 84 | 663 |

图 5-22

而新的乘积常数变为 4723906824 了。这是一个庞大的十位数。然而，恰恰是在一般袖珍计算器力所能及的范围内，所以运算起来仍是非常便捷的。

现在，让我们来解剖一下“麻雀”，认真查一查内层幻方所用的建筑材料。不查不知道，一查吓一跳，原来，如果顺序写出，那么这个四阶矩阵的各元素竟是“弹眼落睛”的梅维宁（我国著名的留美学者，是一位物理学家，但在数学上也很有建树）数

$$\begin{pmatrix} 12 & 24 & 36 & 48 \\ 102 & 204 & 306 & 408 \\ 112 & 224 & 336 & 448 \\ 122 & 244 & 366 & 488 \end{pmatrix}$$

逆序书写以后，矩阵各元素的配置依然是梅维宁数

$$\begin{pmatrix} 21 & 42 & 63 & 84 \\ 201 & 402 & 603 & 804 \\ 211 & 422 & 633 & 844 \\ 221 & 442 & 663 & 884 \end{pmatrix}$$

由此可见，一系列对应性质是维持得极好的。梅维宁先生对自然数的回文奇异性，有着极其灵敏的嗅觉，请看下面的平方梅维宁数

$$12^2=144,\quad 21^2=441$$
$$102^2=10404,\quad 201^2=40401$$
$$112^2=12544,\quad 211^2=44521$$
$$122^2=14884,\quad 221^2=48841$$

听说，上海市科普作家协会曾经打算编写一套丛书《科学原来如此》。我想数学方面的例子必不可少，但因工作量太大，至今未能出书。

## 5.8 幻方会阴盛阳衰吗

尽管目前还是“火候”未到，不需要修改“幻方”的定义，但是，“退一步”着想的看法已经一而再、再而三地被提了出来，并逐渐显山露水，从劣势转为优势。

“飞龙在天，利见大人”这是《易经》的一贯看法，中国古代是重视“阳数”而不重视“阴数”的，所以世界上唯一的三阶幻方“洛书”（图 5-23），收录的数是从 1 到 9，而幻方常数为 15。然而人们发现，把方阵中的每个元素都减去 1，得出的三阶幻方实质不变，只不过幻方和由 15 变成 12 而已（图 5-24）。

| | | |
|---|---|---|
| 4 | 9 | 2 |
| 3 | 5 | 7 |
| 8 | 1 | 6 |

图 5-23

| | | |
|---|---|---|
| 3 | 8 | 1 |
| 2 | 4 | 6 |
| 7 | 0 | 5 |

图 5-24

就奇数阶幻方而言，改变似乎是微不足道的。但对偶数阶幻方来说，新看法的优点就变得非常突出：变换、同余、迭代、自由度等都自然而然地凸现出来。

下面我们来举一些四阶幻方的浅近例子。这时，将用 0 至 15 来取代 1 至 16，而和常数也将从 34 变为 30。现在已可初步看出，30 与 34 虽然均为合数，然而，从各种角度来权衡，30 总要比 34 好得多。

除了中国和印度，法国是世界上研究幻方有很多成就的国家。制作任意阶幻方的三种主要方法：罗伯法、白谦法与哈耶法的发明者全是法

国人。法国数学家弗兰尼克·德·贝赛（Franicle de Bessy）造出了所有的四阶幻方，共有880个之多。

当代大数学家之一的康韦先生也是特别喜欢研究幻方的，但他别出心裁，迥然不同于几何方法，而是站在博弈论与数论变换的角度去考虑问题的。可惜在中国，不要说一般人，即使是中国幻方研究会的许多行家里手，对之也比较生疏。这种情况，在不久的将来必定会改观。

在博弈与游戏理论（Game Theory）中起着重要作用的尼姆（Nim）游戏，有个别名叫做中国翻摊游戏，其最特殊的形式为3—5—7游戏，先走是可以赢的，其胜势有以下几种常见形式

$$2+2=0$$

$$3+3=0$$

$$1+2+3=0$$

$$1+4+5=0$$

有趣的是，尼姆等式在移项时是不需要改变符号的，因而有$1+3=2$，$1+4=5$，$1+5=4$等。

如果我们约定，对某个幻方进行数论变换，譬如说，将幻方中的每个元素都加上一个自然数$a$，则可记为$N_a$，这里的加法当然是指尼姆加法。

康韦发现，某些四阶幻方在进行变换$N_a$以后，所得到的仍旧是幻方，如图5-25～图5-27，等等。

| | | | |
|---|---|---|---|
| 6 | 10 | 5 | 9 |
| 13 | 12 | 3 | 2 |
| 0 | 7 | 8 | 15 |
| 11 | 1 | 14 | 4 |

$\overset{N_8}{\longleftrightarrow}$

| | | | |
|---|---|---|---|
| 14 | 2 | 13 | 1 |
| 5 | 4 | 11 | 10 |
| 8 | 15 | 0 | 7 |
| 3 | 9 | 6 | 12 |

图5-25

| | | | |
|---|---|---|---|
| 8 | 7 | 0 | 15 |
| 3 | 9 | 6 | 12 |
| 14 | 4 | 11 | 1 |
| 5 | 10 | 13 | 2 |

$\overset{N_2}{\longleftrightarrow}$

| | | | |
|---|---|---|---|
| 10 | 5 | 2 | 13 |
| 1 | 11 | 4 | 14 |
| 12 | 6 | 9 | 3 |
| 7 | 8 | 15 | 0 |

图5-26

| | | | |
|---|---|---|---|
| 12 | 3 | 8 | 7 |
| 1 | 13 | 2 | 14 |
| 6 | 10 | 5 | 9 |
| 11 | 4 | 15 | 0 |

$\overset{N_1}{\longleftrightarrow}$

| | | | |
|---|---|---|---|
| 13 | 2 | 9 | 6 |
| 0 | 12 | 3 | 15 |
| 7 | 11 | 4 | 8 |
| 10 | 5 | 14 | 1 |

图 5-27

三元轮换一般记为 C（Cycle），其中各数之间的变换如下所示：

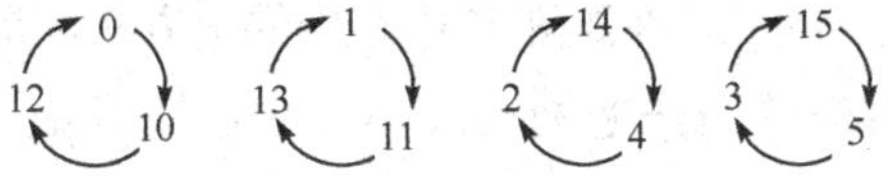


6，7，8，9 维持原状不变。

在这种变换作用下幻方可以出现“三人推磨”式的相互转化（图 5-28），这在康韦之前，是从未有人提起过的，它太像三角学中的正弦定理和余弦定理了。

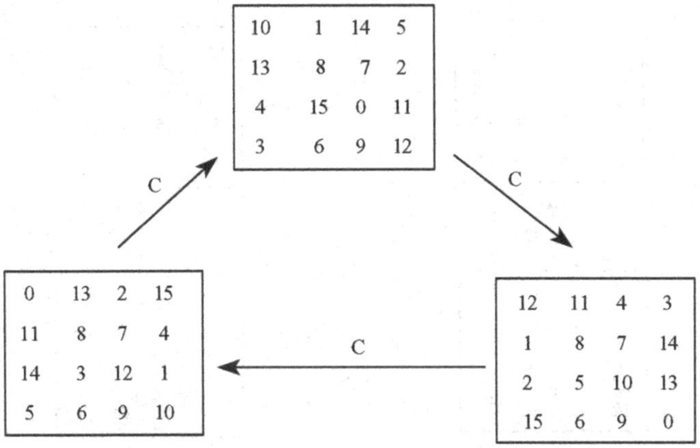


图 5-28

三元轮换中的有关数字，在转译为二进位数后，可以表示为下列四个增广矩阵

$$A=\begin{pmatrix}0 & 0 & 0 & 0\\ 1 & 0 & 1 & 0\\ 1 & 1 & 0 & 0\end{pmatrix}\qquad B=\begin{pmatrix}0 & 0 & 0 & 1\\ 1 & 0 & 1 & 1\\ 1 & 1 & 0 & 1\end{pmatrix}$$

$$C=\begin{pmatrix}1&1&1&0\\0&1&0&0\\0&0&1&0\end{pmatrix}\qquad D=\begin{pmatrix}1&1&1&1\\0&1&0&1\\0&0&1&1\end{pmatrix}$$

其中增广矩阵 $A$，$B$ 的左边为一个三阶方阵，其第一行与主对角线上所有元素都是 0，而其他地方的元素则全是 1，$A$ 的第四列元素全是 0，而 $B$ 的第四列元素则全是 1，另外，矩阵 $A$，$D$ 互补，$B$，$C$ 互补，即在矩阵 $A$ 中某行某列是 0 的元，在矩阵 $D$ 中相应的地方必定是 1，反之亦然。

由笔者发现的翻倍同余变换 D. C.（double congruent）在研究完全幻方时发现它们竟然可以形成一条封闭链，其性态犹如虚数单位 $i=\sqrt{-1}$ 一样，令人拍案叫绝。

今以上海浦东陆家嘴发现的陆深墓中之玉挂幻方为例（图 5-29）（玉挂是古人身上佩戴的一种辟邪物，其作用犹如贾宝玉的通灵宝玉，但其所刻的图形是一个幻方）。

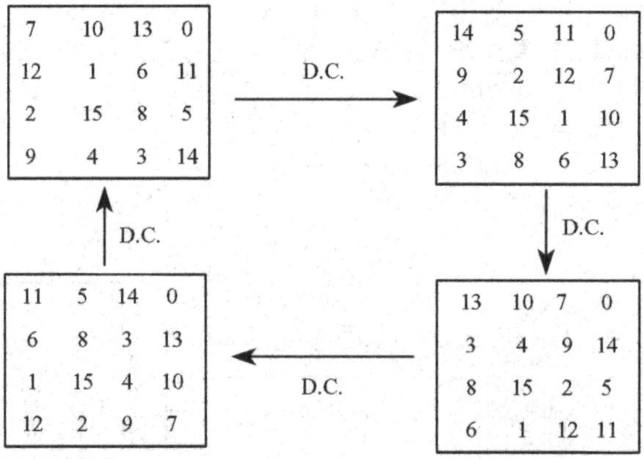


图 5-29

| | | | |
|---|---|---|---|
| 6 | 11 | 0 | 13 |
| 1 | 12 | 7 | 10 |
| 15 | 2 | 9 | 4 |
| 8 | 5 | 14 | 3 |

图 5-30

印度古代耆那教徒所创造的四阶完全幻方（图 5-30）也不例外，服服贴贴地受到规律的支配，足见中、印两个文明古国的发现是异曲同工，出自同源。

至于“翻倍同余”变换各个数字之间的关系，我们可以图解如下：

0，15 不变。

5 变 10，10 变 5，也符合“翻倍同余”的定义，它们是一组对换。

再来稍作解释：7 翻倍后得出 14；14 翻倍后变 28，以模 15 取同余得 13；13 翻倍后得 26，以模 15 取同余得 11；11 翻倍得 22，取同余后得出 7。其余数字的变化也完全类似，请读者自己加以验证。

# 06 递推·循环·回归·RMI（关系·映射·反演）

## 6.1 不动点方法

常言道："授人以鱼，不如授人以渔。"应付各式各样的智力竞赛，必须多学几种方法。本文将通过一个简单的例子来介绍不动点方法。

强台风中心附近的风力可达到12级以上，简直相当于火车速度的4～5倍。然而，在其中心，大约10千米直径范围内，由于外围的空气旋转得太厉害，不容易进到里面去，所以里面几乎没有风，这就是所谓的"台风眼"。在那万马奔腾般的怒吼狂风中，居然存在着风的不动点。

数学家花了很多精力研究不动点，因为各式各样的解数学方程问题，归根结底，都可以化成寻找某种"变换"下的不动点问题。

譬如，我们要求 $8x^3+16x-9=0$ 的根，由于它是一个一元三次方程，而作为其一般解法的求根公式要在高等代数里才能引入，当然有点不好对付。

但我们也不至于束手无策，至少有三种办法可用。首先是综合除法，把方程的系数"剥离"出来，从直式算草

$$\begin{array}{r|l} \frac{1}{2} & 8+0+16-9 \\ + & \quad\;\; 4\;+2+9 \\ \hline & 8+4+18+0 \end{array}$$

一望而知 $x=\frac{1}{2}$ 是方程的根，然后再用两次方程求根公式即可把其他两根求出来，它们是 $\frac{-1+\sqrt{35}\mathrm{i}}{4}$ 和 $\frac{-1-\sqrt{35}\mathrm{i}}{4}$，在初中阶段，一般只要求把方程的实根求出来就算完事。可是现在有许多初中同学根本没有学过"综合除法"，所以此法虽好，学生们却不会用。

比较起来，更加切实可行的办法是采用因式分解，通过恒等变换，将原方程的左端变换为

$$
\begin{aligned}
&2\left(4x^3+8x-\frac{9}{2}\right)\\
=&2\left(4x^3+2x^2+9x-2x^2-x-\frac{9}{2}\right)\\
=&2(4x^2+2x+9)\left(x-\frac{1}{2}\right)
\end{aligned}
$$

进而求出 $x=\frac{1}{2}$ 这个实根，但是这个方法需要高度技巧，要把式子里本来不存在的 $x^2$ 项，硬凑成 $+2x^2-2x^2$，很难构思，极不自然，一般思路不敏捷的同学是想不出来的。

现在让我们来介绍不动点方法，把原方程变换为：$(8x^3+16x-9)+x=x$ 即 $8x^3+17x-9=x$，想出这一步，一点也不难，因为只要在方程两边同时加个 $x$ 就成了。让我们把上式的左端记为 $y$，即 $y=8x^3+17x-9$，写成函数形式，它反映了一种变换的规律。拿个 $x$ 值来代进去，便能求出一个对应的 $y$ 值，如此等等。

于是不难看出，当 $x=\frac{1}{2}$ 时，$y=1+8\frac{1}{2}-9=\frac{1}{2}$，可见 $\frac{1}{2}$ 就是这个变换的不动点，这样一来，不是就把方程的实根求出来了吗？非常明显，这种办法轻而易举，是人人可以学会的好方法。

在数学家眼里，甚至一串无穷个数目，一条曲线，一张曲面……都可以看成一个广义的点。于是，寻求某种未知数字串、未知曲线或者未知曲面，都可以归结为寻找不动点的问题了。

## 6.2 无限递降法

无限递降法创自法国大数学家费马。费马声称他所发明的这种方法，是他在整个数论领域里所有证明的基础。这个证明办法的重要思路如下：假如已知问题有一个正整数解，并且可以作出一个更小的正整数解，而且新问题的形式“酷似”原来的，宛如原问题的一个“翻版”，再用同样的论证方法，从这个更小的解出发，又可以推到再小一些的解，这个过程可以无限地重复下去，但因为问题的解全都是正整数，于是不可能无限地下推来求越来越小的解，从而可知，这个问题没有解。

显然，无限递降法不同于数学归纳法，也不同于一般常见的归谬证法。它是一种重要的解题思路，研究创造工程，以及进行智力培训的人也是不能不了解的。

让我们通过一个简单例子来说明这种方法。现在的问题是：除了 $x=0$，$y=0$，$z=0$ 之外，方程

$$x^2+y^2+z^2=2xyz$$

不可能有正整数解。

先讲一个在以下证明中要用到的预备知识，那就是“两个奇数的平方和，一定不能被 4 整除”。设两个奇数为 $2m+1$，$2n+1$，则其平方和为

$$\begin{aligned}(2m+1)^2+(2n+1)^2&=4m^2+4m+1+4n^2+4n+1\\&=4(m^2+m+n^2+n)+2\end{aligned}$$

从而可知上述结论正确无误。

由此即可推知，上述方程若有非零正整数解，就绝不可能是 2 个奇数、1 个偶数（这时方程右边能被 4 整除，而左边则不能被 4 整除，得出了矛盾），另外，我们也容易看到，1 个奇数 2 个偶数或 3 个奇数的解将使方程的一边是奇数而另一边是偶数，所以这些情况也不可能是方程的解。从而，只能是 3 个偶数才有可能是方程的解。我们把它们记为 $x_1$，$y_1$，$z_1$，也就是说

$$x_1^2+y_1^2+z_1^2=2x_1y_1z_1$$

现在我们就要迈出重要的一步了。在上述方程中，左、右两边同时用 4 去除，就有

$$\left(\frac{x_1}{2}\right)^2+\left(\frac{y_1}{2}\right)^2+\left(\frac{z_1}{2}\right)^2=2\left(\frac{x_1}{2}\right)\left(\frac{y_1}{2}\right)\left(\frac{z_1}{2}\right)$$

如果我们把$\frac{x_1}{2}$，$\frac{y_1}{2}$，$\frac{z_1}{2}$分别看作 $x_2$，$y_2$，$z_2$，那么上式就是

$$x_2^2+y_2^2+z_2^2=2x_2y_2z_2$$

这时我们注意到，所得到的方程形式完全同原来的一样。重复刚才的证明可知，要使新的方程有正整数解，就必须使 $x_2$，$y_2$，$z_2$ 全都是偶数。这样，我们再一次用 4 去除方程的两边，并把$\frac{x_2}{2}$，$\frac{y_2}{2}$，$\frac{z_2}{2}$分别看作 $x_3$，$y_3$，$z_3$，则可进一步得到

$$x_3^3+y_3^3+z_3^3=2x_3y_3z_3$$

到了这个地步，我们可以注意到“它又回来了”这个很不寻常的特性。但是，可别忘了，任何一个正整数都是经不起这种无限制的重复的。譬如说 $2^{10}=1024$ 可以被 2 整除，仍能得到偶数。但是，经过 10 次以后，它就变成了 1，然而 1 却不是偶数了。由此可知，除了 $x=0$，$y=0$，$z=0$之外；该方程根本不可能有正整数解。

## 6.3 从宝塔说到阴阳数串

大学问家一般都很谦虚。牛顿就把自己说成是一个在海滩上拾取贝壳的无知小男孩，还讲过一句名言：“我之所以会有一些微薄成就，那是因为我站在巨人的肩膀上。”科学技术总是在不断地继承与发展，要求后胜于前。

由于事情很忙或者漫不经心，老一辈专家有时也会失误，而孩子们却是“初生牛犊不怕虎”，倒能看出毛病或漏洞。这样的事例不少，下面随便举出一例，那是发表在某著名杂志上的“八层宝塔”

$$1\times8+1=9$$
$$12\times8+2=98$$
$$123\times8+3=987$$
$$1234\times8+4=9876$$
$$12345\times8+5=98765$$
$$123456\times8+6=987654$$
$$1234567\times8+7=9876543$$
$$12345678\times8+8=98765432$$

某年我应邀到杭州去讲学。一天，在作著名物理学家吴健雄女士事迹的科普报告之后，一位羞怯的小姑娘走上台来给我看了这本刊物与书上的例子。她问我：“宝塔层数一般是奇数。灵隐寺里的老和尚，经常劝人‘救人一命，胜造七级浮屠’。我很喜欢收藏邮票及火柴盒贴，前后共收集到一百多座中国古塔，可是其中竟没有一座是八层的。现在让我给它在底下加一层，先生，你看对吗?”

于是她立即添写了一个式子

$$123456789\times8+9=987654321$$

我称赞了她的锐利眼光与机敏思维，同时也向她提出：能发现这样的小毛病固然不错，但还是远远不够的。然后，我给她看了下面的另一座宝塔，并提出要求：希望把它“扩建”到十一层（顺便说一句，河北省定州市确实有一座高达11层的“料敌塔”。）

$$9\times9+7=88$$
$$98\times9+6=888$$
$$987\times9+5=8888$$
$$9876\times9+4=88888$$
$$98765\times9+3=888888$$
$$987654\times9+2=8888888$$
$$9876543\times9+1=88888888$$
$$98765432\times9+0=888888888$$

小姑娘面有难色，因为几乎一切书本都到上式为止，她不敢越出这一步了。经过再三启发之后，她才勇敢地向前迈出了一步

$$987654321\times9+(-1)=8888888888$$

与十一层宝塔还差两级，再也无计可施了。

其实，问题并不难解决，我们干脆给它来个一不做、二不休，继续走下去，深入到负数的领域中，那时便有

$$9876543210\times9+(-2)=\overbrace{88888888888}^{\text{十一个}8}$$

$$9876543210\bar{1}\times9+(-3)=\overbrace{888888888888}^{\text{十二个}8}$$

最后的数字串真令人大开眼界。原来，数字串的成员，不一定限于正数，负数也行。正像人有男性、女性和中性人（也叫阴阳人）一样。

这种数字串看起来似乎不伦不类。但也并非绝无仅有。譬如对数里头的负首数与正尾数，如$\bar{4}.3579$等，为了查反对数表的需要，人们是早已司空见惯的。现在不过把它更广泛地拿来使用而已。

一旦看得多了，大家就会见怪不怪的。

我们做“奥数”题目，也必须着眼于创新。这样才有助于发现自然规律，而不是仅仅满足于猎取高分，单纯地作为一种升学的工具。

模仿与创新，总是同根生的连理枝啊！

## 6.4 从两人合坐一个位子说起

笔者前几年很怕坐火车，一是怕列车员把厕所的门锁上；二是“黄牛”很多，一个座位上居然挤坐了两个人，而现在电脑联网售票，“黄牛”无利可图，几乎绝迹了。

数学家有一种特殊本领，叫做“触景生情”。2002 年 8 月，我在杭州听大科学家霍金作报告时，忽然想起了昔日火车上拥挤的一幕。

按照“果壳中的宇宙”的说法，整个宇宙是由一个果壳状的瞬子演化而来，果壳上的量子皱纹包含着宇宙中所有结构的密码信息。我们的宇宙空间是十一维的。11 是一个神秘而奇妙的数字，在未来社会必将大行其道，目前仅仅是刚刚开始。

1

1 1

1 2 1

1 3 3 1

1 4 6 4 1

1 5 10 10 5 1

1 6 15 20 15 6 1

1 7 21 35 35 21 7 1

1 8 28 56 70 56 28 8 1

……

问题来了，11 的高次方有办法算出吗？能，如 $11^7=19487171$，其实，从杨辉的“宝塔形”就能领悟出来。

杨辉其人，曾经受到已故著名数学家华罗庚先生的高度推崇，因为杨辉三角的发明，在世界上是最早的，着实要比法国大数学家帕斯卡（Pascal）早上好几百年。

碰巧杨辉也是杭州人，在公元 1261 年编著了一本叫做《详解九章算法》的书。

我们从宝塔式的杨辉三角形中一眼即可读出 $11^2=121$，$11^3=1331$，$11^4=14641$。

简直不费吹灰之力！但是到了五次方就不灵验了，你若写出 $11^5=$

15101051，那就大错特错。因为 11 的 5 次方只是一个六位数，根本不是八位数！

当真不能再利用杨辉三角形去进行速算吗？其实不然，这就联系到上文已经说过的“两人合坐一个位子”的现象。你只需看看下面的式子，自然会恍然大悟

$$\begin{array}{r} 15\phantom{0000} \\ 10\phantom{00} \\ +\ \ 1051 \\ \hline 161051 \end{array}$$

于是就可以立即写出：$11^5=161051$。

再推上去，11 的六次、七次、八次……也可类似地处理。

杨辉三角形的奥妙，自然远远不限于此，事实上我们可以利用它来进行级数求和，这里只想再举两个例子来看看

$$1+2+3+4+5=15\ (\text{公差为 1 的等差级数})$$

$$1+5+15=21\ (\text{高阶等差级数})$$

由于篇幅及排版关系，后面的例子只写了三项，其实它是一个高阶等差级数，即

$$1+5+15+35+70+\cdots+\frac{1}{24}n(n+1)(n+2)(n+3)$$

$$=\frac{1}{120}n(n+1)(n+2)(n+3)(n+4)$$

根据现在的研究，杨辉三角形几乎是一个“无底洞”，其中的宝藏取之不尽、用之不竭，据不完全的统计，可挖掘出的神奇性质，已达数百条之多！

《中国历史大事年表》评论杨辉说：“辉字谦先，长于实用数学及各种简捷算法”。我们自然应该缅怀先人的成绩，不能停滞不前，要有所创新、有所发展。

## 6.5 激浊扬清

沧浪之水清兮，可以洗吾缨，
沧浪之水浊兮，可以濯吾足。

尼罗河是世界上数一数二的大河，它有两条支流，一名青尼罗河，

一名白尼罗河。说也奇怪，在两河汇合的地方，注入其中的江水仍然是清者自清，浊者自浊，泾渭分明，难以混合。

看到这幅景象，不禁使人想起数学里头好的判别法，也应当具有同样的性质。

7是第一个长周期素数，目前全世界几乎无例外地都在执行星期休息制度（有的每周休一天，有的每周休两天），而七曜日又是我们中国人第一个发明的。凡此种种都表明了，对于这个拥有众多奇妙性质的7，理应有一个可除性判别法则。

我有一个打上自己烙印的办法，用加不用减，在其他书刊上似乎从未见到过，实施起来非常方便，人人都能掌握。

具体做法是：截去末位，并加上此末位数的5倍。如果原数只有一位，那就是用它的5倍来替换。显然，用此种办法，可以极其方便地看出原数能不能被7整除。

与一般人的想法不同，我把它视为一种变换，要将它进行到底，看看它到底会出现什么情况。

让我们从1开始，反复加以变换，结果如下

1→5→25→27→37→38→43→19→46→34→23→17→36→33→18→41→9→45→29→47→39→48→44→24→22→12→11→6→30→3→15→26→32→13→16→31→8→40→4→20→2→10→1

圈子极长，经过42步以后回到了原来的1。其实，它像是神话中的一条咬住自己尾巴的“妖蛇”，不分首尾，无头无尾。从圈子里头的任何一数出发，经过42步之后都是可以回到原数的。

上述数字循环覆盖了1至48之间的绝大多数，有着很好的“各态历经”性质，唯独少了7，14，21，28，…，7的倍数，它们不在圈子里，应验了一句老话：“道不同，不相为谋”。所谓薰莸不同器也。

容易看出，7的倍数是在另一个圈子里运转的

7 → 35 → 28<br>
↑　　　　　↓<br>
21 ← 14 ← 42

至于49呢，它与小圈子、大圈子都没有缘分，乃是一个“不动

点”，变来变去还是它自己，所谓“万变不离其宗”也，即

$$49 \longrightarrow 49$$

## 6.6 拐弯抹角与明安图数列

古往今来，形容杭州西湖的美，真是说不尽、话不完。在我们这个多民族的国家，也有一些少数民族作家加入了讴歌杭州的行列，例如元朝的贯云石，所谓酸甜乐府，名噪一时，至今尤为研究元曲者所津津乐道。

清朝康乾盛世，中国出现了大一统的局面。当时少数民族在朝中做官的人不在少数，其中也出过不少大学者，明安图便是其中之一。他精通数学与天文，成就很高，受过康熙皇帝的重用，曾担任过钦天监监正，相当于外国的皇家天文台台长。

当时杭州是控制沿海的咽喉重地，清王朝在杭州城内驻扎了他们“从龙入关”的嫡系部队——八旗兵。将士们的营房号称“旗下营”，列为禁区，老百姓只好绕道而走。

从杭州中心城区西北角的武林门到东南隅的梅花碑，大体上可以看成是一个四横四竖的街区，外省人一般是不走胡同与小巷的。明安图由于是微服出行，不想惊动官府，于是他也像普通老百姓那样转弯抹角地走路。但他毕竟是个聪明绝顶，很有数学头脑的人，忽然想起，不同的走法一共有几种呢？

兴之所至，他就随手画了个图，从图上可以看出答案：不同的走法共有 14 种之多。

为了节省篇幅，我们不需要把它们全部画出来，只是任意图示出其中的三种情况（图 6-1），相信读者们自会把它们补全。

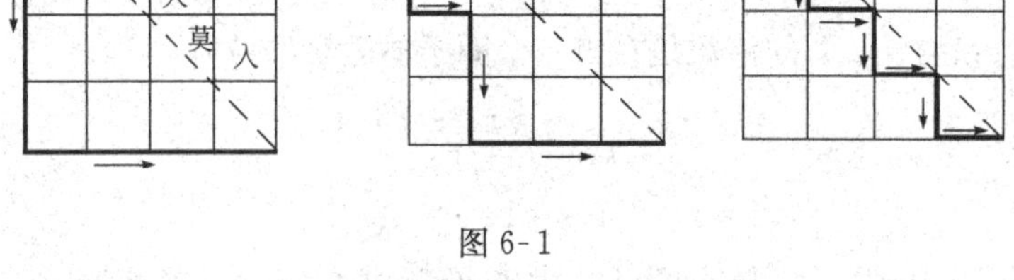


图 6-1

明安图是个思维严谨、一丝不苟、瞻前顾后、考虑问题很全面的人。他又想到，如果街区范围较小，那么，在 2×2 的情况下，不同走法只有 2 种，在 3×3 的情况下，不同走法仅有 5 种，这都易如反掌，轻而易举地就可以全部列举出来。然而，倘若是 5×5 的街区，那么不同的走法就有 42 种之多。这个结果着实使他吃了一惊。看来，转弯抹角走路，其中确实还大有学问哩！

靠死算自然解决不了问题，明安图左思右想，终于从宋朝人杨辉流传下来的“杨辉三角形”中悟出了“玄机”：

①
1 ⋮ 1
1 ② 1
1 3 ⋮ 3 1
1 4 ⑥ 4 1
1 5 10 ⋮ 10 5 1
1 6 15 ⑳ 15 6 1
1 7 21 35 ⋮ 35 21 7 1
1 8 28 56 $\textcircled{70}$ 56 28 8 1
……

原来，把杨辉三角形中垂线上的数（已用圆圈标记出来）1，2，6，20，70，…分别除以自然数 1，2，3，4，5，…就可以得出明安图数列 1，1，2，5，14，…来了。

明安图发现的数列，在数学上意义相当重大，应用价值很广，位于 500 个最有名的数列的前 10 名之内。过去一直认为这个数列是法国人卡塔朗发现的，其实我国蒙古族的明安图比他早 150 年就已经发现了。

## 6.7 代数胜过补药

空间想象力的不足，是人类在飞跃的科技发展面前暴露出来的一大弱点。说实话，人是一种低维生物。有一个例子很能说明问题，围棋早在上古时代就已发明，其变化之复杂令人叹为观止，但从来没有人想到，要把它推广到三维空间，搞一个“立体围棋”。

许多药品广告说，吃了他们的“灵丹妙药”，可以大大提高记忆力、心算能力、逻辑思维能力，乃至空间想象力，那当然是“无稽之谈”。

下面两个例子，引自国外的一本应用数学教科书，先讲比萨饼的切割：切一刀得 2 块，切二刀得 4 块，切三刀最多得 7 块，即第三刀必须避开前两刀的交点，切四刀得 11 块，切五刀得 16 块，切六刀得 22 块……如此等等。

用 $p$ 表示块数，$c$ 表示切的刀数，则可以列出一张表格（表 6-1）。

**表 6-1**

| c | p | Δp | $\Delta^2$p |
|---|---|---|---|
| 0 | 1 | | |
| | | 1 | |
| 1 | 2 | | 1 |
| | | 2 | |
| 2 | 4 | | 1 |
| | | 3 | |
| 3 | 7 | | 1 |
| | | 4 | |
| 4 | 11 | | 1 |
| | | 5 | |
| 5 | 16 | | 1 |
| | | 6 | |
| 6 | 22 | | |
| | …… | | |

从表 6-1 中可以看出，c≥3 时，p 的各个数据大于 c 的对应数据而小于 $c^2$ 的对应数据。设

$$p=a_1c^2+a_2c+a_3$$

用各个数据代入以决定系数 $a_1$，$a_2$，$a_3$，由简单的代数运算可得出

$$a_1=\frac{1}{2},\quad a_2=\frac{1}{2},\quad a_3=1$$

于是有 $$p=\frac{1}{2}(c^2+c+2)$$

此式又常常写成

$$p=1+c+\frac{1}{2}c(c-1)$$

以 $p_c$ 表示切 c 刀最多可得之块数，$p_{c+1}$ 表示切（c+1）刀最多可得之块数，则可推出

$$p_{c+1}-p_c=c+1$$

或写成以下的递推关系表达式

$$p_{c+1}=p_c+1+c$$

切割西瓜问题与之类似，甚至更难想象。根据前人经验，切一刀可

得 2 块，切两刀可得 4 块，切三刀得 8 块；但暗藏着“误区”，十之八九的人以为，切四刀最多可得 16 块；然而，错了。左思右想，即便用尽九牛二虎之力，最多也只能得到 15 块。至于切五刀，那更是只有超乎寻常的空间想象力的“能人”，才能想得出 26 块的正确答案！

让代数来代替空间想象力吧。

同上文一样，在三维空间情况下，我们来制备表格（表 6-2）。

**表 6-2**

| c | p | Δp | $\Delta^2$p | $\Delta^3$p |
|---|---|---|---|---|
| 0 | 1 | | | |
| | | 1 | | |
| 1 | 2 | | 1 | |
| | | 2 | | 1 |
| 2 | 4 | | 2 | |
| | | 4 | | 1 |
| 3 | 8 | | 3 | |
| | | 7 | | 1 |
| 4 | 15 | | 4 | |
| | | 11 | | 1 |
| 5 | 26 | | 5 | |
| | | 16 | | |
| 6 | 42 | | | |
| | | …… | | |

今设　　$\mathscr{P}=a_1c^3+a_2c^2+a_3c+a_4$

将表中的前四个数据代入，再解线性方程组，从而可求出待定系数之值

$$a_1=\frac{1}{6},\quad a_2=0,\quad a_3=\frac{5}{6},\quad a_4=1$$

于是得出

$$\mathscr{P}=\frac{1}{6}(c^3+5c+6)$$

此式也可改写为

$$\mathscr{P}=1+c+\frac{1}{2}c(c-1)+\frac{1}{6}c(c-1)(c-2)$$

由此推得递推关系式

$$\mathscr{P}_{c+1}=\mathscr{P}_c+1+c+\frac{1}{2}c(c-1)$$

进一步推及 $n$ 维空间，得出问题的通解为

$$P=\sum_{j=0}^{n}\binom{c}{j},\quad c\geqslant n$$

此处的 $\binom{c}{j}$ 定义如下

$$\binom{c}{j}=\frac{1}{j!}c(c-1)(c-2)\cdots(c-j+1)$$

其实，它就是通常的组合记号，所以当然有

$$\binom{c}{0}=1,\quad \binom{c}{c}=1$$

## 6.8 心有灵犀一点通

猜到你心中所想的数，犹如囊中取物，这种游戏当然会打动你。在这出戏中唱主角的是 89，比起人们喜欢的、庸俗的 88（象征“发财”的数，纯属胡说八道，毫无根据）仅仅是大了 1 号，它是一个素数，很不起眼，但却非常神奇。

请你在纸上书写一个多位数，随便几位都行，然后将此数乘上 89，得出乘积之后，把积的末位去掉，在上一位加上被去掉的末位数的 9 倍，反复执行这种运算，直到成为 89 而止。

接着，你要把各次去掉的末位数按照其先、后顺序报告给我，当然必须绝对正确，不得有误，否则戏法就不灵了，那将是你咎由自取，不能怪我。

我在听到你报告给我的数据以后，顷刻之间就能猜到你心中所想的数。不是十拿九稳，而是十拿十稳，你相信不相信。

这席话当然可以使任何人动心，于是就有人挺身而出，他心中想定的数目是 813，用它乘上 89 之后，再列出以下算式，忠实地执行“割末位，加九倍”的运算

$$813\times 89=72357$$

$$\begin{array}{r} 7235\not{7} \\ +\quad 63 \\ \hline 729\not{8} \\ +\ 72 \\ \hline 80\not{1} \\ +\ 9 \\ \hline 89 \end{array}$$

于是他向我报告：“照你的嘱咐，我已算过，执行了三步以后，已到达终点 89，割去的末位，依次是 7，8，1。”

岂知他的话刚说完，我就猜中了他心中所想的数 813。他大喜过

望，马上跳了起来，大声嚷道：“真神哪！我算是服你了。”

那么，我是怎么猜的呢，把他报告给我的数 7，8，1 颠倒过来，使之成为 187，再用 1000 去减它

$$1000-187=813$$

813 就出来了。如果说白了，813 就是 187 的补数。

现在来说一说猜数的道理。先看第一步，去掉末位 7，加上末位的 9 倍 63，实际上等于是将 72357 加上（630－7），而 $630-7=623=7\times89$

按照同样的道理，第二步去掉末位 8，加上 8 的 9 倍 72，实际相当于

$$72980-80+7200=72980+7120=72980+80\times89$$

而第三步则相当于

$$80100-100+9000=80100+8900=80100+100\times89$$

总起来看，最后所得的 89000 与原数的关系应该是

$$89000=89\times1000=89\times\text{原数}+89\times187$$

所以原数当然就是 $1000-187=813$ 了！如果改用别的数目去试，道理还是一样。

照这样看来，猜法实在再简单不过：如果是三位的，颠倒后从 1000 内减去，四位的，颠倒后便从 10000 中减去，依此类推。解释得已经很明白，我们不必再补充别的例子了。

这个有趣的游戏来自许莼舫，而许先生则从陈怀书先生学来。陈先生是中国数学会第一任理事，扬州中学高级教师，当年名声很大，门墙桃李遍及大江南北，后来又转任上海交通大学教师。我在扬州虽有许多亲友，但可惜从未与他见过面。

不过，话得说回来，陈、许两位前辈好像都未对此问题进行过彻底的研究。因此笔者感到骨鲠在喉，不得不吐。

下文将把“割去末位，加上它的九倍”这种运算看成是一种映射（通俗一点讲，说它是函数也无不可），不难看出，89 是这个映射的“不动点”，经过映射之后，它的“像”就是其自身；同理，0 也是如此，我们可以记为

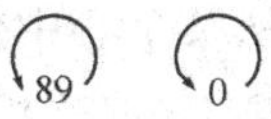

并用记号 $f$ 表示该映射。

在 89 以下的其他二位数，变化情况又将如何呢：不妨取 37 为初始数，则容易看出

$$f(37)=66,\quad f^2(37)=f(66)=60$$

另外，让我们用 $f^{-1}$ 表示逆映射，则逆变换的结果是唯一确定的，例如，不难看出

$$f^{-1}(65)=27,\quad (\text{显然 } 7\times 9+2=65)$$

让我们干脆追查到底，搞它一个水落石出，下面便是 37 经过反复映射以后的全部轨线

37→66→60→6→54→41→13→28→74→43→31→12→19→82→26→56→59→86→62→24→38→75→52→23→29→83→35→48→76→61→15→46→58→77→70→7→63→33→30→3→27→65→51→14→37

37 终于重新露面，它像“哈雷彗星”一样，又回来了！

赤裸裸地说，这就叫做“不见棺材不掉眼泪”，在经历了 44 步以后，终于又变回到原来的数 37。

然而，实际上它是一条咬住自己尾巴的长蛇，或者说，一条有着 44 个环节的封闭长链，任何一个环节都可以是它的“头”。实质上是无头、无尾、无始、无终。

还有许多数目漏掉了，让我们任意选一个作为开始数目吧，如可选二位数 16，于是我们又可得出另一条轨线

16→55→50→5→45→49→85→53→32→21→11→10→1→9→81→17→64→42→22→20→2→18→73→34→39→84→44→40→4→36→57→68→78→79→88→80→8→72→25→47→67→69→87→71→16

同样是经 44 步而回复原状。在运算过程中，其实我们早已有些预感。

两条轨线与不动点，把 0 至 89 这个范围内的全部自然数都覆盖到了，从而很好地体现了某些数学家经常津津乐道的“各态历经性”。

我们简直可以把上述两条轨线看成是两张“函数表”，来做一个难度要大得多的游戏，譬如说：从某个心中想定的数（一位或二位数）出发，反复执行“割末位，加九倍”的运算，经过 16 步而得了 64，你能

猜到原数吗？

当然这样的游戏，较之原来的难度要大得多，简直不可同日而语。但一旦有了函数表，我们只要去查一查“表”，问题即可迎刃而解。

容易看出

$f(90)=9$，　$f(91)=18$，　$f(92)=27$，　$f(93)=36$，

$f(94)=45$，　$f(95)=54$，　$f(96)=63$，　$f(97)=72$，

$f(98)=81$

如此等等，变换后的像都是以等差数列递增的。

这样一来，我们又看到了映射的周期性，显然

$$f(93)=f(4+89)=f(4)=36$$

请看，这同三角函数的周期性

$$\sin(2k\pi+\phi)=\sin\phi$$

多么相像。

于是，为了讨论逆映射 $f^{-1}$的单值性，我们必须规定其主值，而这又使我们不由自主地想到了反三角函数！

## 6.9　素数高产田

素数分布的规律是数学中一匹桀骜不驯的野马，挫败了古往今来无数研究者的努力。一些表面上看起来十分简易的问题，如所谓“双胞胎素数”（“孪生素数”）11，13，17，19，29，31，41，43，…是否无穷无尽？至今都还不能肯定。

瑞士大数学家欧拉勤奋非凡，他晚年双目失明，还在孜孜不倦地研究数学，一直战斗到了生命的最后一刻。他一生中得出了无数成果，逝世到现在已有两百多年，而他当年的论文与著作仍在重印。据说，有关方面正在考虑出版他的全集，预计将会超过 75 卷！

下面我们介绍一下所谓的“欧拉三角形”，它的形状像是一座“宝塔”，但它同杨辉三角形等常见题材不同，宝塔虽大，层数却是有限的。其实，这也符合宇宙之间的常理，现在世界上的高层与超高层建筑越造越高，但总是有限度的。

欧拉三角形的宝塔尖只有一个数，就是 41，至于别的数目，我们可以按照从小到大的自然顺序依次写下去，即

㊶

42 ㊸ 44

45 46 ㊼ 48 49

50 51 52 ㊽ 54 55 56

57 58 59 60 61 62 63 64 65

66 67 68 69 70 71 72 73 74 75 76

77 78 79 80 81 82 83 84 85 86 87 88 89

……

常言道："救人一命，胜造七级浮屠"，为了节省篇幅起见，请允许我写到七级为止吧！

不知道你们注意到了没有：中轴线上出现的数统统都是素数，尽管它未能把所有的素数都囊括进去，发现这样的规律已经很了不起。

这个宝塔造得又高又大，高达 40 层，中轴线上的数只是到了 1681 才不灵验了，因为

$$1681=41\times41$$

不是素数了。

可以说，欧拉三角形真是一个十足的素数"丰产田"呀！你想知道其中的奥妙吗？请考虑二次三项式

$$x^2-x+41$$

然后分别令 $x=0$，1，2，……直至 41

## 6.10 紫砂茶壶的启示

明朝作家周高起在其著作《阳羡茗壶系》（阳羡即江苏宜兴的原来地名）中说：明朝正德年间有一个奇怪的和尚，沿街大叫："卖富贵！卖富贵！"村民讥笑他，他却反问："贵者不买，买富如何？"接着便带领村人上山，发现了五彩缤纷的陶土，当地人以此为业，历经数百年而不衰。

诗人吴骞有诗为证："金沙泉畔金沙寺，白足禅僧去不还"，这位异僧就是阳羡茗壶的创始人。

紫砂壶的美，在于壶泥、壶色、壶形、壶款、壶章、题铭、绘画、书法、雕塑、篆刻诸艺，共融于一体。因此早在明、清两代，即有"泥

土与黄金等价”之说。《砂壶图考》曾记，“扬州八怪”中名气最大，以诗、书、画三绝为世所称的郑板桥曾自制一把紫砂壶，亲笔题词曰：

嘴尖肚大耳偏高，
才免饥寒便自豪，
量小不堪容大物，
两三寸水起波涛。

这把郑板桥亲手制造的茶壶，如果能传到现在，那当然价值连城了。紫砂陶器曾参加巴拿马赛会、巴黎博览会（1927），并在百年一度的芝加哥博览会（1932），伦敦国际艺术展览会（1935）获得过金质奖章，为中国陶瓷史写下了光辉的一页。

随着我国经济实力的不断增强，上个世纪流失海外的艺术品乃至国宝，通过各种途径回到了祖国怀抱。紫砂茶壶是最具代表性的茶具之一，明朝的池大彬，清初的陈鸣远，都是制壶专家，这些艺术珍品，即使残破缺损，价值也是非同小可。

爱好茶壶者大多是文人雅士，有的茶壶边上还有题词。

据说有一只紫砂茗壶上题写了五个字：

可以清心也

题词表面上看，似乎平淡无奇，但是有一个头脑机敏的士大夫注意到，如果把最后一个字调到前面来，读作

也可以清心

句子依旧很通顺，而且寓意深长。于是他干脆一不做、二不休，继续循环往复地读诵，结果得出句子：

心也可以清
清心也可以
以清心也可

看来中国文字真是奇妙透顶，任何别的文字都是办不到的。

能不能再找出一个例子呢？《康熙字典》里收录了四万多字，还不包括后来才问世的氢、氧、氮、锂、钠、铀等，是一个非常庞大的集合，从中筛选，难度甚大，因而至今也找不出第二个例子。

孤掌难鸣。张小泉、雷允上等老店都有仿冒的。既然文学里头找不到，能不能像牛顿那样，到数学王国的海滩边上去拾贝壳呢？

我在青少年时期，学到了优美的余弦定理

$$a^2 = b^2 + c^2 - 2bc\cos A$$
$$b^2 = c^2 + a^2 - 2ca\cos B$$
$$c^2 = a^2 + b^2 - 2ab\cos C$$

这种循环往复、轮换对称之美，着实使得我吃了一惊。

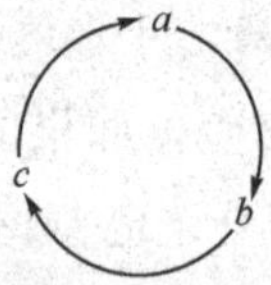


三角里头，类似的公式还有一大堆，如三角形面积公式、正切定理、模尔外得公式、用边来表示的半角公式等，真是洋洋洒洒，蔚为大观。向量、球面三角等数学分支中，也有不少类似的东西。

不过，感到遗憾的是，三个以上元素的“轮换对称”，实例就非常少见了。尽管在群论与高维空间几何里也不乏其例，但这些数学分支比较高深，并不通俗易懂，饶你说得舌敝唇焦，别人却听不懂，更加谈不上欣赏了。

常言道：“踏破铁鞋无觅处，得来全不费工夫”。某年初冬的一个傍晚，我应邀到上海打浦桥南面的卢湾高级中学去参加校外导师团会议，散会后打算乘41路公共汽车回家，由于道路堵塞，车子始终无影无踪。正好瑞金医院门口开出了一辆外地牌照的面包车，14965，我就搭了他们的便车开到平安大戏院附近的738路起点站，然后顺利地回到了大华新村的住家。

幸亏有了它，否则在车站上死等41路，真不知等到何年、何月、何日？想到这里，我竟稀里糊涂地把14965去除以41了。居然除尽了，得出了商数365。

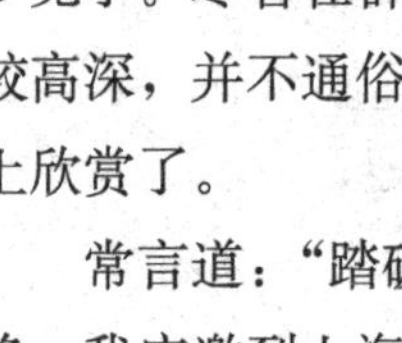


图6-2

夜色已深，平时拥挤不堪的738路上乘客不多，没有人站着。我坐在位置上将这个五位数用“长江后浪推前浪”的办法逐位平移，顺次得到了49651，96514，65149，51496四个五位数，居然个个都能被41整除！(图6-2)

回到家里，心情非常好，心头怒火早已烟消云散！原来我在无意中得到了同紫砂茶壶上五个题字几乎一模一样的数字模式。

此事使我又惊又喜，紧接着连忙问自己，如果进行逆时针方向的旋转，结果又将如何？

经过检验，15694，56941，69415，94156，41569，统统都是不行的，它们之中，没有一个能被 41 整除。

随即继续思考：三位数能行吗？譬如说：用 41 去乘 19，结果得出 779，但是，797 不能被 41 整除，977 也不行！

四位数行不行呢？用 153 去乘 41，得出乘积 6273，然而 2736，7362，3627，一个都不行！

那么，六位数呢？352641 是可以被 41 整除的，然而 526413，264135 等全是失败的！

够了，够了！大家都知道，在数学里头，证明一个命题不容易，但是想要推翻的话，只要举出一个反例就可以，这已经成为数学里头的规矩。

由此看来，五位是同 41 紧密挂钩的特征数！少也不行，多也不行，简直有点神乎其神，其中必然大有名堂。

我又想到，14965 是偶然出现的，有着极大的随机性、任意性。于是我不用 365 做乘数，改用别的数目去乘 41，但要求得出之乘积必须为五位数。

结果竟和预期完全吻合，由此而得来的五位数全都具有循环往复的“紫砂茶壶”性质。

满足条件的候选对象实在太多了，笼统一点讲，只要满足下列不等式

$$271 \leqslant N \leqslant 2439$$

的 $N$，且其末位数不是零（加上这个限制的原因是由于以零打头的数通常不视为真正的五位数，从而须在循环往复中予以剔除）就都可以用作乘数。懂得了这个道理以后，五位数中间有零的情况自然也不算。

虽然根据“纯粹性”原则，排除了一些有瑕疵的五位数，然而合乎条件的还是太多，违反了“物以稀为贵”原则。东西太多就不值钱了，但这也不能一概而论。我们的银河系拥有一千亿颗以上的恒星，其中很可能存在着比我们更先进的“外星人”，你会嫌它太多吗？

我想这一切肯定同循环小数的本质有关。事实上

$$\frac{1}{41}=0.\dot{0}243\dot{9}$$

循环节正好有5位。我要追问一句：那么2439有没有这种“可以清心也”的奇妙性质呢？要知道，41是个素数，而2439却是一个合数，两者根本不一样。

随便挑个因子来乘一下吧，当然，必须要求乘积不多不少，正好是五位数，而且乘积中不含有零。例如 2439×8=19512，经检验可知，95121，51219，12195，21951统统都能被2439整除，预料全都应验。

我们再次找到了有“紫砂茶壶性质”的集合，但其成员个数却比上面所提到的集合成员个数少了许多。不过，它的存在是可贵的，因为我们终于查明了对偶原理的无所不在性。而以前人们只知它在射影几何等少数领域里是一而再、再而三地“露峥嵘”的！

以上所说的现象当然普遍存在，41与五仅仅是“冰山一角”。要知道，循环小数具有异常丰富的内涵与外延。我们在本文中，很轻巧，很不吃力地把整除性、集合、不等式、轮回对称、对偶原理乃至数学与文学思维的共性等许多不相干的内容熔为一炉。如果我们依然固执己见，认为只要学会循环小数怎样化成分数就已足够，那真是鼠目寸光，入宝山而空还了。

## 6.11 连分数

如今的一般大、中学生几乎都不知道连分数为何物，其责任当然不在他们本身。历来的中学数学教学大纲中都未把它订进去。进入大学以后，微积分、线性代数、概率论等后续课程中又不讲它，以致许多人对它一无所知，实在太可惜了。

一般所谓的简单连分数是指形状如下的分式

$$a_1+\cfrac{1}{a_2+\cfrac{1}{a_3+\cdots}}$$

其中 $a_1$，$a_2$，$a_3$，…是正整数。

通常可以把上面的形式书写成较紧缩的形式

$$a_1+\frac{1}{a_2+}\frac{1}{a_3+}\cdots$$

当 $a_1$，$a_2$，$a_3$，…的个数为有限时，称为有限连分数，否则称为无限连分数。

凡是有限连分数，都可以从最下层起依次化简，将其化为普通的分数，其方法实际上就是繁分数的化简。

反面的问题是要把已知的普通分数化为连分数，许多人对此束手无策，其实他们不知道，用的办法实际极为简单，只要用欧几里得算法就可以，通俗一点讲，就是辗转相除法。

$$\frac{m}{n}=a_1+\frac{p}{n}=a_1+\cfrac{1}{\cfrac{n}{p}}\quad（a_1\text{ 为商数，}p\text{ 是余数}）$$

若 $\frac{n}{p}=a_2+\frac{q}{p}=a_2+\cfrac{1}{\cfrac{p}{q}}$（$a_2$ 为商数，$q$ 是余数）

$$\frac{p}{q}=a_3+\frac{r}{q}=a_3+\cfrac{1}{\cfrac{q}{r}}\quad（a_3\text{ 为商数，}r\text{ 是余数}）$$

……

以下可依此类推，于是

$$\frac{m}{n}=a_1+\cfrac{1}{a_2+\cfrac{1}{a_3+\cdots}}=a_1+\frac{1}{a_2+}\ \frac{1}{a_3+}\cdots$$

下面让我们用一个具体的数值例子来说明怎样运用辗转相除法把 $\frac{251}{802}$ 化为连分数。运算的草式如下

| | | | |
|---|---|---|---|
| $q_2=5$ | 251 | 802 | $3=q_1$ |
| | 245 | 753 | |
| $q_4=6$ | 6 | 49 | $8=q_3$ |
| | 6 | 48 | |
| | | 1 | |

各次所得的商数 $q_1$，$q_2$，$q_3$，$q_4$ 依次为 3，5，8，6

于是 $\frac{251}{802}=\cfrac{1}{3+\cfrac{1}{5+\cfrac{1}{8+\cfrac{1}{6}}}}$ 或浓缩形式 $\frac{1}{3+}\ \frac{1}{5+}\ \frac{1}{8+}\ \frac{1}{6}$

下面来看一看各次近似值之构成规律：

设连分数可表示为 $a_1+\frac{1}{a_2+}\frac{1}{a_3+}\frac{1}{a_4+}\cdots\cdots$

则前面三次近似值为

$$\frac{a_1}{1},\quad \frac{a_1a_2+1}{a_2}\text{（此式由 } a_1+\frac{1}{a_2}\text{ 通分变化而得）}$$

$$\frac{a_3(a_1a_2+1)+a_1}{a_3\cdot a_2+1}$$

此式看起来很复杂、很可怕，但其实并不难。只要记住它的构成规律即可记住：以第三次商乘二次近似值之分子，再加上一次近似值之分子，即得到三次近似值之分子；分母的情形也完全类似：以第三次商乘二次近似值之分母，再加上一次近似值之分母，就得到三次近似值之分母。

用数学归纳法可以证明，$n$ 次近似值的构成规律也是如此，即

$$p_n=a_np_{n-1}+p_{n-2}$$

$$q_n=a_nq_{n-1}+q_{n-2}$$

$\frac{p_1}{q_1}$，$\frac{p_2}{q_2}$，…，$\frac{p_n}{q_n}$分别称为一次近似分数，二次近似分数……乃至 $n$ 次近似分数。$n$ 为奇数时，叫做奇次近似分数；$n$ 为偶数时，则叫做偶次近似分数。

每次近似分数都要比在它之前的任何近似分数更逼近连分数的真值。

无限连分数有一个极其重要的性质如下：

奇次近似分数单调增大，但永远小于连分数的真值；

偶次近似分数单调减小，但永远大于连分数的真值。

**例 1**　$3.14159=3+\frac{1}{7+}\ \frac{1}{15+}\ \frac{1}{1+}\ \frac{1}{25+}\ \frac{1}{1+}\ \frac{1}{7+}\ \frac{1}{4+}\cdots$

其各次近似值为$\frac{3}{1}$，$\frac{22}{7}$，$\frac{333}{106}$，$\frac{355}{113}$，…

其中$\frac{22}{7}$就是我国南北朝时期的大数学家祖冲之所算出的“疏率”，$\frac{355}{113}$则是他得出的“密率”。许多中学生以前只是从语文教科书、历史教

科书上听到过，一知半解，似懂非懂。现在学了连分数知识，就彻底搞清楚了。

阴历的月大月小，也同连分数有关。我们知道，朔望月有 29.5306 天，把小数部分化成连分数

$$0.5306=\frac{1}{1+}\,\frac{1}{1+}\,\frac{1}{7+}\,\frac{1}{1+}\,\frac{1}{2+}\,\frac{1}{33+}\,\frac{1}{1+}\,\frac{1}{2}$$

它的各次渐近分数是

$$\frac{1}{1},\frac{1}{2},\frac{8}{15},\frac{9}{17},\frac{26}{49},\cdots,\frac{867}{1634},\frac{893}{1683}$$

也就是说，在 15 个月中应当安排 8 大 7 小，49 个月中应该有 26 个大月、23 个小月，等等。

阴历的置闰办法，一般是“十九年七闰”，即在十九年中，必须安排七个闰年。这同连分数也有密切关系。因为回归年有 365.2422 日，而朔望月为 29.5306 日，将假分数$\frac{365.2422}{29.5306}$化为连分数，便得

$$12+\frac{1}{2+}\,\frac{1}{1+}\,\frac{1}{2+}\,\frac{1}{1+}\,\frac{1}{1+}\,\frac{1}{16+}\,\frac{1}{1+}\,\frac{1}{5+}\,\frac{1}{2+}\,\frac{1}{6+}\,\frac{1}{2+}\,\frac{1}{2}\cdots$$

它的各次渐近分数便是

$$\frac{1}{2},\quad\frac{1}{3},\quad\frac{3}{8},\quad\frac{4}{11},\quad\frac{7}{19},\quad\frac{116}{315},\quad\frac{123}{334},\quad\frac{731}{1985},\cdots$$

下面让我们再来介绍一个非常有趣的课题——循环连分数（recurring continued fractions），它才是连分数的精髓。

一般来说，开平方开不尽的数$\sqrt{N}$是一个无理数，但它必定是一个循环连分数，然而，开立方或开高次方时开不尽的数（如$\sqrt[3]{N}$或$\sqrt[n]{a}$）就不行了。

将二次不尽根数化为循环连分数是一个迭代过程，要点如下：

（1）求出最大整数，并将其析出。

（2）分子有理化，乘以共轭根式。

（3）将所得结果的分子分母予以颠倒。

**例 2** 试将$\sqrt{19}$化为连分数

$$\sqrt{19}=4+(\sqrt{19}-4)=4+\frac{3}{\sqrt{19}+4}$$

在$\frac{\sqrt{19}+4}{3}$中含有最大整数 2，可以把它析出，以后遇到类似场合，将不再一一说明了。故有

$$\frac{\sqrt{19}+4}{3}=2+\frac{\sqrt{19}-2}{3}=2+\frac{5}{\sqrt{19}+2}$$

$$\frac{\sqrt{19}+2}{5}=1+\frac{\sqrt{19}-3}{5}=1+\frac{2}{\sqrt{19}+3}$$

$$\frac{\sqrt{19}+3}{2}=3+\frac{\sqrt{19}-3}{2}=3+\frac{5}{\sqrt{19}+3}$$

$$\frac{\sqrt{19}+3}{5}=1+\frac{\sqrt{19}-2}{5}=1+\frac{3}{\sqrt{19}+2}$$

$$\frac{\sqrt{19}+2}{3}=2+\frac{\sqrt{19}-4}{3}=2+\frac{1}{\sqrt{19}+4}$$

$$\sqrt{19}+4=8+(\sqrt{19}-4)=8+\cdots$$

此时我们发现$\sqrt{19}-4$已在前面见过，也就是说，循环出现了，此后 2，1，3，1，2，8 将会不断重复，于是得出

$$\sqrt{19}=4+\frac{1}{2+}\frac{1}{1+}\frac{1}{3+}\frac{1}{1+}\frac{1}{2+}\frac{1}{8+}\cdots$$

法国大数学家拉格朗日（Lagrange）求出了以下几个著名的循环连分数

$$\sqrt{2}=1+\frac{1}{2+}\frac{1}{2+}\frac{1}{2+}\frac{1}{2+}\frac{1}{2+}\frac{1}{2+}\cdots$$

$$\sqrt{3}=1+\frac{1}{1+}\frac{1}{2+}\frac{1}{1+}\frac{1}{2+}\frac{1}{1+}\frac{1}{2+}\cdots$$

$$\sqrt{5}=2+\frac{1}{4+}\frac{1}{4+}\frac{1}{4+}\frac{1}{4+}\frac{1}{4+}\frac{1}{4+}\cdots$$

众所周知在用小数表示时

$$\sqrt{2}\approx 1.414213562\cdots$$

$$\sqrt{3}\approx 1.732050807\cdots$$

$$\sqrt{5}\approx 2.236067977\cdots$$

它们是多么丑陋，多么混乱，一旦进了“连分数”这所特殊的“美

容院”，就立即化媸为妍，从丑女摇身一变，成为“绝代佳人”了！

尤其令人印象深刻的是“黄金分割数”

$$\frac{1+\sqrt{5}}{2}=1.6180339887\cdots$$

一旦化成循环连分数之后，竟然得出令人“眼睛一亮”，犹如“休克”的效应

$$1+\frac{1}{1+}\frac{1}{1+}\frac{1}{1+}\frac{1}{1+}\frac{1}{1+}\frac{1}{1+}\frac{1}{1+}\cdots$$

在从前全国普及推广优选法时，由于场内听众的数学水平普遍不高，无法提及连分数，更不可能写出如此优美绝伦的表达式，未免有点太可惜了。欣赏阳春白雪，当然得有相应的水平，否则只好不得已而求其次，改为下里巴人了。记得红学家们曾经说过一句非常粗俗的话：

“贾府里的焦大，是不能欣赏林妹妹的。”

## 6.12 从斗蟋蟀说开去

我在青少年时代非常爱读清朝蒲松龄的《聊斋志异》，记得其中有一篇名叫“促织”，讲了明朝宣德年间（那个时代铸造的“宣德炉”已成为稀世奇珍，真品时价至少值人民币数十万）的一则故事。明朝宣德皇帝朱瞻基是明太祖朱元璋的曾孙，是位花鸟画家，治国还算有点本事，但有一个不良嗜好，喜欢在宫中斗蟋蟀，而且还要下达“圣旨”，叫民间每年进贡骁勇善斗的蟋蟀，官吏贪虐，弄得老百姓鬻妇卖儿，苦不堪言。

斗蟋蟀的实质其实是一种别具一格的代理人战争，因为名虫各有其主，不像赛马、博彩，基本上是一一对应的。通过蟋蟀的胜负来决定赌博的输赢，这不就是数学上非常有名的“关系、映射、反演原理”(principle of relation，mapping，inversion，简称 RMI 原理）在社会人文现象中的一种应用实例吗？可惜芸芸众生大都不明其理也！

中学生在学校里学习对数，用来处理繁琐复杂的大乘大除，乘方开方，其实也是 RMI 原理的一个具体应用。

下面来讲一个别的例子。早在 1990 年，我在发现世上第一个 32 阶三次幻方时*，就发现了 8 个“立方保尾数”，这些数立方以后，最后

* 据中国幻方研究会的“主席团成员”之一李抗强先生（湖南岳阳）见告，最近传来一个“特大喜讯”：由中国人发现了 16 阶的三次幻方。

的三位尾数与原数完全一样。

这8个“立方保尾数”是001，249，251，499，501，749，751，999。

现在让我建立8个二进位数（也可视为八进位计数制中的0、1、2、3、4、5、6、7）与“立方保尾数”之间的一一对应

| (0) | (1) | (2) | (3) | (4) | (5) | (6) | (7) |
|---|---|---|---|---|---|---|---|
| 000 | 001 | 010 | 011 | 100 | 101 | 110 | 111 |
| ↕ | ↕ | ↕ | ↕ | ↕ | ↕ | ↕ | ↕ |
| 999 | 751 | 749 | 501 | 499 | 251 | 249 | 001 |

下面再来介绍“按位逻辑运算”，必须是末位对末位、中间位对中间位、高位对高位，其运算法则是：

$$\begin{cases}\text{两个 0 相遇，或两个 1 相遇时，结果得 1；}\\ \text{0 与 1 相遇时，结果为 0}\end{cases}$$

按位逻辑运算简记为 $*$，以别于普通的乘法运算记号×。

由此可知

$$001 * 001 = 111, 111 * 001 = 001$$

其余可依此类推，不必一一写出来了。

易知按位逻辑运算必然满足交换律，也就是说

$$a * b = b * a$$

有趣的是，这8个二进制数也是具有“三次回归”性质的，譬如说

$$011 * 011 * 011 = 011$$

这就隐隐约约、若明若暗地提示我们，8个二进制数与8个立方保尾数之间也许存在着某种“默契”。

下面再来定义“立方保尾数”之间的特殊乘法运算（简称“乘积截尾运算”，记为☆）。这种运算的实际操作步骤是：先执行普通乘法，然后截取乘积的最后三位尾数作为结果，例如

$$501☆751 = 251$$

不难看出，这种特殊乘法满足乘法交换律，即

$$\alpha☆\beta = \beta☆\alpha$$

到此地步，我们的准备工作业已基本完成，下面就可来讲RMI原理的实际应用了。

有人不喜欢“按位逻辑运算”，觉得它既生疏，又别扭。那好，我

们可以完全不去用它，例如，若要计算

$$101 * 010 = ?$$

先查对应关系的表格，把它们改为

$$251☆749$$

（好像查对数表，把 $a \times b$ 转化为 $\lg a + \lg b$）从乘积截取最后三位尾数之后，得出 999。再从 999，根据一一对应原理进行“反演”（好比查反对数表），就得出 000 了，从而顺顺当当地算出

$$101 * 010 = 000$$

结果当然完全吻合，不可能不对，正确是“天经地义”的，不正确反倒怪了！

反之，如果不喜欢乘积截尾，而是偏爱干净利落的“按位逻辑运算”，那也不妨反其道而行之。

常言道：“萝卜青菜，各有所爱”。有人喜欢山珍，有人偏嗜海鲜，都可以使他们各取所需，各得其所。将来有朝一日，发现了银河系的超级文明外星人，也许他们反而认为，繁琐的大乘大除反而比计算对数更为容易，更为直截了当，不也是很有可能的吗？

说到这里，问题好像已经解决了，但是，“树欲静而风不止”，让我们索性一不做、二不休，再来编制一张“乘积截尾运算”的乘法表（好比普通的乘法九九表）

| ☆ | 999 | 751 | 749 | 501 | 499 | 251 | 249 | 001 |
|---|---|---|---|---|---|---|---|---|
| 999 | 001 | 249 | 251 | 499 | 501 | 749 | 751 | 999 |
| 751 | 249 | 001 | 499 | 251 | 749 | 501 | 999 | 751 |
| 749 | 251 | 499 | 001 | 249 | 751 | 999 | 501 | 749 |
| 501 | 499 | 251 | 249 | 001 | 999 | 751 | 749 | 501 |
| 499 | 501 | 749 | 751 | 999 | 001 | 249 | 251 | 499 |
| 251 | 749 | 501 | 999 | 751 | 249 | 001 | 499 | 251 |
| 249 | 751 | 999 | 501 | 749 | 251 | 499 | 001 | 249 |
| 001 | 999 | 751 | 749 | 501 | 499 | 251 | 249 | 001 |

在这张表中，001 称为单位元素（简记为 $E$，即德文 Einheit 的第一字母），它的作用很像是自然数 1，用 1 去乘任何数 $N$，其乘积就是

$N$，另外，每一个元素都是其自身的逆元素（在普通有理数域中，7与$\frac{1}{7}$是互逆的，只有1是它自身的逆元素），譬如说

$$501☆501=001$$

$$499☆499=001$$

……

这样有趣的代数结构称为“群”（Group），21岁时就已英年早逝的法国青年数学家伽罗瓦（E. Galois）就是开创群论的第一位功臣，他是因爱情纠葛在决斗中受伤而死去的，至今人们仍在缅怀他的绝世才华与不朽功勋。须知，有句名言说：“群论的天使与拓扑的魔鬼乃是数学的核心”，（拓扑学的狂热研究者往往把这句话说反，把它改为：“拓扑的天使与群论的魔鬼”——作者注）究竟是谁对谁错呢？这句话不由自主地使人想起了凡夫俗子们所梦寐以求的婚恋对象应该具有的素质：天使容貌与魔鬼身材。

本文自然还可以继续深入下去，如讲一讲子群、生成元以及凯莱图等等，但是，作为科普读物的本书不是群论教科书，只能是点到为止，见好便收，否则就是不识好歹、吃力不讨好了。

# 07 可除性·有魅力的数·异想天开的除法

## 7.1 7 的奥秘

众所周知，“星期”同年、季、月、日、时、分、秒一样，是极其重要的时间计量单位。《圣经》的第一章里就提到了“星期”。因此，西方人的工作、生活、休息、娱乐中，处处都离不开“星期”这个重要的时间单位。在世界某些国家的首都或经济发达的大城市中，连工资也是按“周薪”发放的。

不要认为“星期”完全是由西方传入的舶来品，其实我国古书里头写得明明白白：“日月五星，谓之七政”，所谓“五星”，指的是金星、木星、水星、火星与土星。中国古代把星期天称为“日曜日”，星期一到星期六分别叫做月曜日、火曜日、水曜日、木曜日、金曜日和土曜日。现代日语里至今还是这样叫法，而这是他们所派出的“遣唐使”从中国的大唐王朝学来的。

计算星期几，当然不可避免地要同 7 的整除特性挂起钩来。2004 年是个闰年，有 366 天，折合 52 个星期零 2 天。2004 年元旦是星期四，所以 2005 年的元旦肯定是星期六了。

说到这里，人们不禁想起一道极有名的数学题：“如果今天是星期日，那么 $9^{9^9}$ 天后是星期几？”按照规定，这种“三层楼”的数目，计算乘方是要从上面算的，$9^{9^9}$ 天实在太长了，远远超过了宇宙的年龄。其实说到底，这个题目就是看你能否很快判断出一个极大的数字能不能被 7 整除。

太大的数字判断起来有困难，那么能不能把它改造为一种游戏呢？

让我们来做个简单的游戏，从中摸索出一些方法。在一个口袋里装着 10 张卡片，每张上写一个数字，不重不漏，正好是 0，1，2，3，

4，…，8，9。每次从口袋里摸出4张卡片，组成四位数，共有24种组合。把这24种组合中所有能被7整除的数目找出来，谁找得全、找得快，谁就是优胜者。

很显然，这样的比赛难度不小，当然要规定不能使用计算器。

随便举个例，譬如说，对1，3，6，8这四张卡片来说，仅有四种组合能被7整除，它们是

$$1386\div7=198,\quad 1638\div7=234$$
$$8316\div7=1188,\quad 8631\div7=1233$$

仅占全部组合的4/24，即1/6。

然而对2，5，7，9这四张卡片来说，能被7除尽的四位数却有2597，2975，7259，7952，9275，9527共六种组合，占了1/4。

我们知道，要判别一个数能否被3或9整除是很方便的，只要看各位数字之和能不能被3或9整除就行了。例如，1008肯定能被9整除。但对7来说，就没那么简单了。

其实7也有它的规律，你看，用7作除数时，10的整数次方的余数如下：$10^0$余1，$10^1$余3，$10^2$余2，$10^3$余6，$10^4$余4，$10^5$余5，有时余数也可用负数表示，例如余6就是余$-1$，余4就是余$-3$，余5就是余$-2$。

以后每隔六位，就周而复始地重来一遍。有了这个规律，只要稍作计算，判断一个数能否被7整除就相当方便了。只要把每一位数字乘上它所对应的余数，如果它们加起来等于7的整数倍，就肯定能被7整除。例如，判断4312能否被7整除，由于$4\times(-1)+3\times2+1\times3+2\times1=7$，所以它肯定能被7整除，事实上$4312\div7=616$。

有一位头脑机灵的孩子发现了更好的“翻倍运算法”，拿$abcd$这个四位数来说，可以把$ab$（看作一个二位数）翻倍后与$cd$相加，如果得到的是个二位数，那就可以一眼看出能否被7整除了。例如，2009能被7除尽吗？用他的方法，$20\times2+9=49$，恰好是7的倍数，所以2009一定能被7除尽无余。

不信，你可以试试。

## 7.2 一二八与十九路军

数字一旦与重要历史事件挂钩，就变得特别好记，甚至终生难忘。

例如，公元1644年是中国历史上一个翻天覆地的年头。李闯王打进北京，明朝崇祯帝朱由检吊死煤山，接着发生了山海关大战，李自成的农民军被打得一败涂地，清兵开始“穷追”，改朝换代的进程已经无法逆转。这一切都发生在1644年，而16＝4×4，一下子就记牢了。

但这不过是数的巧合而已，然而下面的数字，却无疑是精心编造的了。话要从有名的十九路军说起，该军的总指挥是蒋光鼐，蔡廷锴任副总指挥兼军长。“一二八事变”（1932年1月28日）爆发，日本侵略军进攻上海，十九路军在全国人民的抗日高潮推动下进行了英勇抵抗，浴血奋战，给日军以沉重打击，歼灭日本鬼子的人数之多，是“甲午战争”以后从未有过的，为5年后的全国抗战开创了先例。1933年11月，十九路军又联合国民党内一些“左派”势力，公开宣布与蒋介石决裂，在福建成立人民革命政府，并与红军订立了抗日反蒋协定。

上海真是个“藏龙卧虎”之地，几乎每条马路上都有一个动人的抗日故事。当时，南洋群岛华侨的爱国热情也非常高涨，为抗日捐出的金钱、物资、器材、药品……不计其数。

有一笔捐款，折合成法币以后，正好是12008元，这个数字里头按照先后顺序，嵌进了“1”，“2”，“8”！

更有趣的是，这个奇妙的五位数竟然是可以被19整除的，请看

$$12008 \div 19 = 632$$

奥妙的事情尚不止此，你们只要在两个0的中间夹入任意多的“3”（从一个到无穷多个），得出来的数统统都能被19整除。好在目前电子计算器的价钱非常便宜，在小学生手里也像圆规、三角尺等工具一样地普及了，你们不妨拿来，一试便知

$$120308 \div 19 = 6332$$

$$1203308 \div 19 = 63332$$

$$12033308 \div 19 = 633332$$

……

12008，多么奇怪的一个“特征数”啊！

## 7.3 不听使唤的19

我家原住上海静安寺附近，住了70年以上，也不觉得有什么特别

的好处。后来应邀到皖南黄山脚下的西递、宏村去开会，游览，才切身感到，原来我家老屋乃是一种仿造得很好的徽式建筑。有5个大、小天井，保存得相当完好的老屋，按理说是应该予以保留的。但是拆也拆了，又有什么话说?

拆迁之后，现在住于19楼上，夏天不必开空调，颇有“高处不胜寒”的味道。19这个数，好像特别古怪，又同我特别投缘，关于这一特征数的神奇性质，我已前后写过不少文章，散见各处，也引起了许多人的激赏，这里不想重复。

世上许多事情，前后都有关联，有时一等，可能需要几十年之久。人生苦短，有些潜伏得很深的“大鱼”，也许就浮不出水面来了，难免令人惆怅!

还记得30多年以前，我在宁夏回族自治区首府银川市西大滩总后“五七干校”里看猪放羊，手头无任何书籍、资料，只有笔和纸，可以动动脑筋，做一些趣味数学题。

有一天，忽然想到，能否用1，2，3，4，5，6，7，8，9，0不重不漏地“制造”出一个十位数，使它能被1，2，3，4，5，6，7，8，9，…各数整除?这些能被整除的数，不设上界，当然是多多益善。

果然有了答案，而且可能的答案不止一个，竟然有4个之多，它们是

$$2438195760$$

$$4876391520$$

$$4753869120$$

$$3785942160$$

奥妙的是第二数恰为第一数的2倍，竟有此等巧事。这四个数，能被2，3，4，5，6，…，18，20除尽，唯独19不听招呼。对于此项结论，读者们自然不难一一加以验证。

下面简略地说一下寻找的思路。众所周知，由1，2，3，4，5，6，7，8，9组成之多位数，只要不重复，不遗漏，不管次序如何打乱，总是可以被9整除的。

关键在于找出“种子数”，我们可从

$$2\times3\times7\times11\times13\times17$$

着手，上面的这个数字等于 102102，但它尚不能被 8，9，10 整除，不过，可以在它的基础上略加修补：

在末尾添个 0，就能被 5，10 整除了，4 也不在话下，再将此数乘上 6，则它被 8，9 整除也已不成问题。

到此地步，表达式中 2 的因子，还只有 $2^3$，为了保证它能被 16 整除，还得再乘以 2，于是“种子数”又茁壮成长，变成为 12252240。

一旦得到了 12252240 这个数，我们的要求几乎都已全部满足，所差的就是这个八位数中含有重复数字，而且也不能将 1，2，3，4，5，6，7，8，9，0 一网打尽，包罗无遗，但这一点是不难做到的。

其实四个搜索出来的答案，都不过是 12252240 的扩展与延伸：请看

$$2438195760 \div 12252240 = 199$$
$$4876391520 \div 12252240 = 398$$
$$4753869120 \div 12252240 = 388$$
$$3785942160 \div 12252240 = 309$$

原来，199 是个素数。当年我在西大滩边缘发现这些数目时，其实也并没有如此麻烦。我仅仅是把 12252240 翻了一番，再在尾巴上加两个零，再去减一减原数，这时，眼前顿时一亮

$$2450448000 - 12252240 = 2438195760$$

一条躲在深水里的大鱼就被我“钓”出来了！

## 7.4 夹心馅子

从前华罗庚先生写科普文章与小册子，特别喜欢用《从××谈起》这类标题，如《从杨辉三角谈起》、《从祖冲之的圆周率谈起》、《从孙子的“神奇妙算”谈起》等。名称虽然朴实无华，却有着很深刻的内涵。现在不妨袭用华先生的故智，也来讲一个“从 2001 谈起”。

2001 年是 21 世纪的第一年，新的一千年开始了，用阿拉伯数字写出来是在 21 的中间夹两个零，有点像空心馒头。我们知道，21 是可以被 7 整除的；可是 2001 却不能被 7 整除，未免有点遗憾。

有什么补救办法吗？让我们用中间加零的办法试试看。两个、三个、四个、五个、……当我们加到六个零时，奇迹发生了，20000001

居然可以被 7 整除

$$20000001 \div 7 = 2857143$$

也许你认为那只是一种偶然的巧合。那么，再用别的一串数字吧。现在，社会上有许多人对 8 特别钟情，我们不妨就用 8 去代替 0 来做实验

$$28888881 \div 7 = 4126983$$

再换别的数字，仍然一试即灵。

“夹心馅子”的变化，当然远不止此：我写文章的那夜是 5 月 26 日。526 是一个很不起眼、极为平凡的数字。这次，我们把 526 作为馅子，并且重复一遍，然后用 25265261 作被除数，结果如何呢？你自己去试除一下吧。

一次又一次的试验成功令人吃了一惊，因为这样的数字实在太多了，统统都可以做“馅子”的！

节律还可以再改变一下。让我们任意挑数字，譬如说，若选中两位数 43，就可以把它重复两遍，夹在 21 的中间，然后用 24343431 作被除数，7 作除数，即可得出

$$24343431 \div 7 = 3477633$$

“夹心馅子”当然也不限于六位，而可以是十二位、十八位、二十四位等。

除数也可以不限于 7，譬如说，13 也行，例如

$$10000003 \div 13 = 769231$$

37 又怎么样呢？它也行吗？例如

$$74444444 \div 37 = 2012012$$

在自然科学的各科教学中，不论是数学，还是物理、化学、生物、天文、地理……最根本的还是要培养创造能力，发现自然奥秘。

从某种意义上来说，数学其实也是一门实验科学，在 20 世纪后期蓬勃发展起来的一门崭新的数学分支——混沌与分形（号称大自然的几何学）中，已有无数颠扑不破的事实充分论证了这一点。

## 7.5 祸从口出

勒伯朗先生已经 85 岁了，住在法国巴黎郊外的一座老式公寓里。

他青少年时代曾在上海住过多年，自命为深有造诣的汉学家，尤其对“河图”、“洛书”、《易经》等情有独钟。

老先生独自生活。他喜欢喝酒，经常喝得烂醉如泥，酒后又好口出狂言。俗话说：祸从口出。勒伯朗万万没想到，自己的酒后醉话，终于招来了杀身之祸。

他住在公寓三层楼的一套单元房内。一连好几天，邻居们都没见他露面。后来有人闻到附近有股臭味，又见勒伯朗家门窗紧闭，敲门不应，于是连忙报了警。

警察们冲进去一看，惊得面无人色。原来勒伯朗已被人五花大绑，嘴巴、鼻孔贴满封箱胶带，窒息而死了。死者身上并无其他伤痕，室内却是一片狼藉，值钱的东西已被洗劫一空。

私家侦探洛克比先生接手了这个案子。他发现勒伯朗的存折和现金都已不翼而飞。取钱须凭密码，法国的银行制度极其严格，规定密码为7至10位数。银行里设有现场监控录像系统，取款人是无法躲过这道关口的。

但洛克比先生认为法国的银行很多，不知道勒伯朗把钱存在哪一家，更不知道窃贼是哪一天取走的钱，甚至不知道窃贼究竟取没取钱。所以，目前只能假定钱已被取，顺着密码被人破译这条线去考虑问题，找到疑犯。然而，老先生并没有把密码告诉过任何人，所有书信、账单也无任何记录。奇怪，他能把密码记在哪儿呢？难道他不怕自己忘了吗？

洛克比分别找勒伯朗的亲朋好友谈话，让他们帮助回忆，寻找线索。

有个名叫诺福克的老头说，有一次，勒伯朗喝得酩酊大醉，口无遮拦地吹起牛来，他说自己有一个终身不忘的密码，是从东方哲学里悟出来的。那是一个神奇的数字，取前三位时，它能被3整除，取前五位时，又能被5除尽，取前七位时，也能被7整除。总之，取前几位，就可以被几整除，在所有的情况下，得出来的商统统都是整数。

洛克比查明，诺福克是个口风不紧的人，他后来又把这件事讲给了他的家里人听。而他家的人中，就有一个十七八岁年纪，身手不凡的电脑“黑客”胡萨克。根据胡萨克的为人和他的智商、学识，洛克比断定他的嫌疑最大。

在一番攻心战之后，胡萨克终于承认了自己的罪行。原来听到勒伯朗的故事后，胡萨克就动了心。他分析了那个密码，认为在东方哲学里头，同数学关系较深的是《洛书》，其中的数目是从一到九，想必此数应该是个九位数。勒伯朗的话并没有说完全，有点吞吞吐吐，但透露出来的信息已经足够了。于是他跟踪、搜索、失败，从头再来，试而又试，终于琢磨出了勒伯朗自鸣得意的密码。

原来这个九位数是381654729，而且是满足条件的唯一答案。请看

| | |
|---|---|
| $3\div1=3$ | $38\div2=19$ |
| $381\div3=127$ | $3816\div4=954$ |
| $38165\div5=7633$ | $381654\div6=63609$ |
| $3816547\div7=545221$ | $38165472\div8=4770684$ |
| $381654729\div9=42406081$ | |

胡萨克破译了密码后，就对勒伯朗下了毒手。但他还没把银行里的钱全部取出，就被洛克比抓住了黑手。他哀叹道：“真是强中更有强中手啊!”

## 7.6 盛老七的车牌号码

读美国数学科普大师马丁·伽德纳的书和文章，再长也无厌倦之感。他的一支生花妙笔，活生生地勾画出了近百年来美国社会的众生相，上自总统，下到混迹市井的二流子、公园里的露宿者，而他们的事迹，多多少少都能与数学挂起钩来。

这使我忽然想起了盛老七其人，此人名叫盛升颐，是近代史上非常有名的人物，清朝慈禧太后特准可以在紫禁城内骑马的盛宣怀（又名盛杏荪）之子。

在今日的上海街头，仍旧可以看到盛氏家族的遗迹：外滩中山东一路的中国通商银行旧址，淮海路上的盛氏花园（今为日本驻沪总领事馆），徐家汇上海交通大学的老教学楼等。盛宣怀官至邮传部尚书，全国铁路督办，纵贯南北的交通大动脉卢汉铁路（自卢沟桥到汉口）也是在他的主持下得以贯通的。另外，他还先后创立了11项“中国第一”

的纪录，例如第一家电报局，第一家钢铁联合企业，第一个近代银行，第一所工科大学，等等。

盛宣怀（1844～1916，图 7-1）是中国近代史上最富传奇色彩的人物之一，他在上海病逝时，南京路竟破例为他交通管制一天，连抬棺的人马也是曾为当年慈禧太后抬棺的原班人马，以致时到如今，“盛杏荪大出丧”仍是老上海们津津乐道的近代上海“洋场”掌故。

图 7-1

盛杏荪是江苏常州（旧称武进）人，一共生下八子八女，本文所要说的“盛老七”，便是他的第七个儿子，正式名字叫做盛升颐。盛家的儿女们，名字的最后一字都是“颐”字，打破了以往世家大族男女分别取名的老规矩。

盛升颐在民国年间曾做过苏浙皖统税局局长，人称“财神老爷”，他同孔祥熙和云南军阀龙云都有相当交情，他平日生活放荡，挥金如土，又特别爱好足球，情愿为足球队出钱、捐地皮，是著名的东华足球队的一位主要董事。不过他晚景非常凄凉，重病缠身，潦倒而终，有一位如夫人（妾）在上海某中学门口为学生看管自行车，以此为生，略作糊口之资，其窘况可想而知。中国有句老话：“富不过三代”，在盛家子孙的身上得到了验证。

不过，当年盛老七极盛时期的气派，那是没得说的。其时，上海的私家汽车为数甚少，而盛老七的私人轿车号码为777，也是花了重金买来的牌照。

这个汽车牌照号码却引起了我的极大兴趣。由于我母亲也是江苏常州人，上代曾经有些来往，但仅限于世交情谊，经济上素无瓜葛。那时我还住在祖传老家里，同在新闸路上，步行只有5分钟的距离，所以少年时期经常到他家里去玩。

777这个号码引起了我的极大兴趣，因我深信数学无处不在，又喜欢胡思乱想，于是就拿它来做题目，做起我的“白日梦”来。

777，三个连写在一起的7，使我联想起了37，据说“颐”字辈的堂房兄弟姐妹们共有37人之多。有一个大名鼎鼎的“盛老三”，其实并不是盛宣怀的儿子，而是他的堂房侄子盛文颐，不知底细的人误以为他是盛家的老三，他也将错就错，不予否认。

那时候我对圆周率π十分醉心，像小和尚念经一样把小数点后100位背得滚瓜烂熟，作为一个好事之徒，我将777分解成为四段，得出了12位的自然数314159265039，一望而知，准确到π的前9位的小数，但最后面的三位039没有选择“自由”了，因为其和必须凑成777。

$$\begin{array}{r} 314 \\ 159 \\ 265 \\ +\ 039 \\ \hline 777 \end{array}$$

令人惊讶的是，这个与π有九分相似的数目竟然可以被37整除，即

$$314159265039 \div 37 = 8490790947$$

在这里，我的主要着眼点是看它能否被37整除，商数是无关紧要的。

分拆竟然出现“立竿见影”般的神奇效果，譬如说

314159039265

265039314159

39314159265

……

这些“假李逵”们统统都是可以被 37 整除的。不信，请自己试试。

三个一组的分拆，共有 24 种之多，试过之后，统统灵验，每一种组合都可以同一个节气对应起来，从而可以取“立春”、“雨水”、“惊蛰”、“春分”等名字。

在西汉时期出版的《淮南子》* 中，二十四节气的名称都已全部具备。一天一夜有 24 小时，龟甲有 24 块，另外还有二十四番“花信风”的说法。具体地说，小寒开梅花、山茶、水仙，大寒开瑞香、兰花、山矾，立春开迎春、樱桃、望春，雨水开菜花、杏花、李花，惊蛰开桃花、棠棣、蔷薇，春分开海棠、梨花、木兰，清明开桐花、麦花、柳花，谷雨开牡丹、荼蘼、楝花。在《红楼梦》这部古典小说的正文中，就明明白白地写着：“开到荼蘼花事了”。

有本畅销书名叫《唐诗地图》，其中提到了唐朝诗人杜牧的七绝诗：

青山隐隐水迢迢，秋尽江南草未凋，

二十四桥明月夜，玉人何处教吹箫？

24 是个神奇美妙的合数，它在中国文化中的深远影响，恐怕是很难数说得尽的。

## 7.7 飞檐走壁

据说清朝雍正皇帝是遇刺身亡的，刺客是吕留良（著名学者，“文字狱”的受害者）的女儿吕四娘。民国年间，这类武侠小说为数不少，最有名的当推名中医陆士谔先生的《血滴子》与《雍正剑侠图》。

宫禁森严，御前侍卫们的武功又都十分了得，大内又是一垛“高墙”。如果没有飞檐走壁的绝世武艺，行刺岂能得逞？

在数学里，根号也是一垛不可逾越的“铜墙铁壁”，谁都知道，“内外有别”：里面的出不来，外面的进不去，如果说可以随便出入，如入无人之境，岂非天方夜谭？

然而，的确可以举出以下一些耸人听闻的怪例，请看

---

* 前几年由于电视剧《汉武大帝》的热播，淮南王刘安的名字大家都很熟悉，刘安因造反不成而畏罪自杀，不过，《淮南子》并未列为禁书，还是流传到了后世。

$$\sqrt{5\frac{5}{24}}=5\sqrt{\frac{5}{24}}$$

$$\sqrt{12\frac{12}{143}}=12\sqrt{\frac{12}{143}}$$

$$\sqrt{20\frac{20}{399}}=20\sqrt{\frac{20}{399}}$$

以上是开平方的场合，至于开立方或开高次方的情况，也可举出不少例子，例如

$$\sqrt[3]{2\frac{2}{7}}=2\sqrt[3]{\frac{2}{7}}$$

$$\sqrt[3]{3\frac{3}{26}}=3\sqrt[3]{\frac{3}{26}}$$

$$\sqrt[5]{2\frac{2}{31}}=2\sqrt[5]{\frac{2}{31}}$$

……

编造者其实是在巧妙地利用“带分数”，存心制造“烟幕弹”与“障眼术”而已。

读者们在看过这些实例以后，能总结出什么规律吗？其实，它们对训练“观察能力”，倒是很有好处的。

人们不难看出

$$\sqrt{5\frac{5}{24}}=\sqrt{\frac{5^3}{5^2-1}}$$

$$\sqrt{12\frac{12}{143}}=\sqrt{\frac{1728}{143}}=\sqrt{\frac{12^3}{12^2-1}}$$

$$\sqrt[3]{2\frac{2}{7}}=\sqrt[3]{\frac{2^4}{2^3-1}}$$

$$\sqrt[5]{2\frac{2}{31}}=\sqrt[5]{\frac{64}{31}}=\sqrt[5]{\frac{2^6}{2^5-1}}$$

在大家“领会”了规律以后，这些例子要多少有多少，就一点不稀罕了。

从此以后，大家也可以自由出入“根号”禁区，不亦快哉！

## 7.8 上错花轿嫁对郎

《上错花轿嫁对郎》是一出非常著名的电视剧，收视率极高，男、

女主角均因此剧而一举成名，在娱乐圈中红得发紫，扶摇直上，迄今未衰。

由于剧情做作得太厉害，人们在欣赏之余，回头一想，难免会说上一句："这是纯属编造的情节，生活中哪有这等事情。"以严谨著称，"1+1=2"雷打不动的数理科学，自然与之格格不入、根本不相容了。

然而，同美国山姆·洛伊德、马丁·伽德纳齐名，号称"趣味数学三杰"之一的英国自学成材者亨利·杜登尼（Henry Dudeney）却举出过一个耸人听闻、名为"印刷错误"的怪例。

一名排字工人粗心大意，竟然把 $2^5 9^2$ 错误地排印成 2592，使得本该高高在上的"指数"5 和 2"下楼"了，当然是大错特错了。犯了这种不可救药的大错，看来此人肯定被"炒鱿鱼"，免不了要"下岗"，加入到失业行列中去了。

可是其人真是"福星高照"，原来 $2^5 9^2=32\times81$，乘出来的结果还是得出 2592，完全正确，何错之有？所以对后面的一系列计算毫无影响，他的饭碗当然保住了！

看来杜登尼的这个怪例真是千中挑一、万中挑一，给人家的印象深刻之至！

此例一开，倒使趣味数学家们茅塞顿开，从而就像"大海捞针"一样，刻意寻求这种"将错就错"、"既错又对"的奥妙例子。

果不其然，他们的一番努力终于没有白费，交出了不少出色的答案。例如

$$2^5\cdot\frac{25}{31}=25\,\frac{25}{31}\left(\text{它们都等于假分数}\frac{800}{31}\right)$$

$$11^2\cdot9\,\frac{1}{3}=1129\,\frac{1}{3}\left(\text{都等于假分数}\frac{3388}{3}\right)$$

$$21^2\cdot4\,\frac{9}{11}=2124\,\frac{9}{11}\left(\text{可以验证，左右两边都等于}\frac{23373}{11}\right)$$

上面几个例子，几乎不约而同地都用上了带分数与假分数，它们真是题中应有之义，必不可少吗？

倒也未必，果然有人找到了完全摆脱它们的例子

$$3^4 \cdot 425=34425$$

$$31^2 \cdot 325=312325$$

既没有指数，也不含分数的例子也找到了，例如

$$73 \cdot 9 \cdot 42=7 \cdot 3942$$

（请自行验算，左右两边都等于 27594）

更有人进一步解放思想，大大向前跨了一步，认为“无限”个解答都是可能存在的，这样的论断，当然使人吓了一跳，但他举出来的实例却不能不使人心悦诚服，请看

$$13^2 \cdot 7\frac{6}{7}=1327\frac{6}{7}$$

$$13^2 \cdot 7857142\frac{6}{7}=1327857142\frac{6}{7}$$

$\left(\text{此式很繁，但可以算出它们都等于}\frac{9295000000}{7}\right)$

$$13^2 \cdot 7857142857142\frac{6}{7}=1327857142857142\frac{6}{7}$$

以后只要不断添上 857142 这一条长长的“尾巴”，等式的正确性就永远可以保持。显然，这些例子是巧妙地利用了循环小数的奇妙特性而研究出来的，以前无人想到过，非常之妙，很有新意。

事情虽小，倒也不能认为它们纯属雕虫小技，不值一提。

毕竟，从惊喜雀跃，进而仿制再造，直到可以批量生产。从某种视角看来，倒也不失为认识自然与改造自然呢！

## 7.9 鬼神不识

```
          *.***
    **)***
       **
        **
        **
          **
          **
          ***
          ***
```

奥妙的是，上面这个除法算式中数字已经完全湮灭，一点都不能辨认了！但是还剩下草式的格局和模样。好比埋在棺椁里的古尸，年深月

久，尸体已经完全腐朽，只剩下这个人的骨骼了。

“古尸复原”是个很吸引人的课题，那么上面这个算式能不能恢复其“本来面目”呢？答案是肯定的，而且只有唯一的除数与被除数才能出现这个算式。

两个整数相除而居然除尽，并且商数正好有三位小数，所以除数必然是 8 或 8 的倍数。又由于被除数是三位整数，而商的第一位与除数相乘后又得出了两位数，根据除法算式前三行“坍缩”进去的情况可以推出被除数与除数为 100 和 32，“复原”后的算式如下

```
       3.125
32) 100
     96
    ----
      40
      32
     ----
       80
       64
      ----
       160
       160
      =====
```

说穿了，其实这些都同以前实行的 1 斤等于 16 两时的“斤求两”法有些瓜葛。譬如说，我们可以把原先的题目改一改，改成商数有四位小数的情况，请看

```
       6.3125
16) 101
     96
    ----
      50
      48
     ----
       20
       16
      ----
        40
        32
       ----
         80
         80
        ====
```

显然，这类题目可以随地取材，资源甚为充裕，是永远不会枯竭的。

## 7.10 无字天书

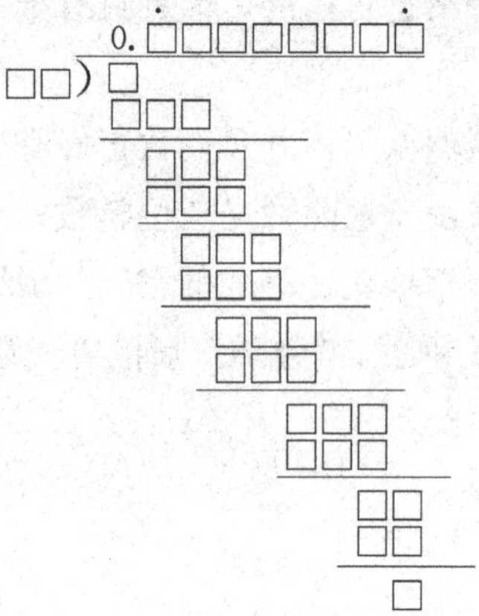

记载着算式的纸张被蛀虫咬得千疮百孔，连一点点数字痕迹都看不出了，完全成了“无字天书”。只剩下除法算式的格式还依稀可辨。商数的循环节共有 8 位，它是一个循环小数。

这个题目号称“虫食算”的杰作，精品中的精品。你有办法把它解出来吗?

其实这道题目不算很难，尽管它连一个数目都没有!

有用的线索是：被除数为 1 位，除数为 2 位，商数是循环节为 8 位的纯循环小数（小数点后第 1 位起就开始循环）。这些信息尽管极少，却是可贵的、有用的。

设二位除数为素数 $p$，则由循环小数理论可知，$(p-1)$ 一定可以被 8 整除。这样的 $p$ 寥寥可数，实际上只有 41，73，89 和 97 四个。从表 7-1 可知，合乎条件的唯一对象只能是 73。

**表 7-1**

| $p$ | $\frac{1}{p}$的循环节长度 |
|---|---|
| 41 | 5 |
| 73 | 8 |
| 89 | 44 |
| 97 | 96 |

作为虫口余生，幸而保留下来的除法算草告诉我们，在运算过程中，有时要从被除数上一次下移 2 位数字，这就意味着商的第一位与第六位为 0，根据互补原理，立即可以判定商的第二位与第五位是 9。

在分数$\frac{n}{73}$（$n$ 为一位自然数）中，循环节里头含有两个 0 和两个 9 的只有以下三个

$$\frac{3}{73}=0.\dot{0}410958\dot{9}$$

$$\frac{7}{73}=0.\dot{0}958904\dot{1}$$

$$\frac{8}{73}=0.\dot{1}095890\dot{4}$$

由此我们立即找到了搜索的目标

$$7\div 73=0.\dot{0}958904\dot{1}$$

让我们干脆把除法算式统统写出来，再同题目上的“无字天书”一对照，可以看出，它们两者简直是天衣无缝，吻合到每一个细节的。

“无字天书”终于被破译出来，从而弥补了许多书本上只有答案、没有解法的缺憾，不亦快哉！

```
       0.09589041
    73)7
       6 57
       ------
         430
         365
         ------
          650
          584
          ------
           660
           657
           ------
             300
             292
             ------
               80
               73
               ------
                7
```

## 7.11 充满“禅机”的数字

近年来，《易经》、八卦、风水以及中国古代术数一类的书很吃香，

很走运。古今中外讲禅宗的书也纷纷出笼，其中甚至包括日本铃木大拙的皇皇巨著。

《五灯会元》算是一部经典著作，正像小学生必备一部《新华字典》一样，学禅之人岂能没有它？

笔者不是禅宗信徒，也无意为之张目，当一个义务宣传员，但“禅”不是迷信，难怪信者日多，其中也包括许多高鼻子、蓝眼睛、黄头发的“老外”，甚至连《科学美国人》（*Scientific American*）等很正宗的科学杂志，也不时发表一些有关“禅”的文章。而印度的“瑜伽”术在瘦身减肥方面之富有成效，更是许多女士言之凿凿、深信不疑的。

“禅”在完全意想不到的场合，它突然跑出来，显示出学科与学科之间的神奇联系，好像从魔术家的一顶帽子里变出兔子来。也许文明程度很高的中国古代哲人早就有所体验，称之为“天人合一”。其实，中、西各国都有不同感受，提法虽异，本质则一。数学科普大师马丁·伽德纳称之为洞察力“Insight”，也就是“啊哈！灵机一动”的所谓“灵机”。

“格物致知”是物理学的中心任务之一，探索、揭露自然秘密当然是物理学家的分内之事。下面让我们讲一桩美国物理学家费曼*的轶事。在我国，此事少有人知。可是费曼其人，在我国物理学界，却是大名鼎鼎的。

费曼是20世纪杰出的物理学家，在理论或实践两方面都有极深刻的造诣，文学修养也高人一等，涉笔成趣，富有文采，连没有生命的无机物，在他笔下也变得栩栩如生。他的自传体小说《费曼先生，你肯定是在开玩笑》(*Surely You're Joking*, *Mr. Feynman*，美国诺顿公司1985年出版）更是一本受人称道的传世佳作。书中记录了他本人以及其他一些著名科学家在第二次世界大战后期造出原子弹，为击败德、日法西斯所建立的卓著功勋（早在1943年，意大利即已战败投降）以及其他一些鲜为人知的趣闻轶事。当时费曼自己就在美国洛斯阿拉莫斯国家实验室工作，也是一位制造出原子弹

---

* 此人有几种不同译名，这里是规范的标准译名。

的功臣。

就在该书第 116 页上，他注意到一个神奇的分数

$$\frac{1}{243}=0.00411522633744855\cdots$$

这些数字的排列竟是如此井然有序，大大地违反了一般惯例，不由得令人大吃一惊。费曼回忆，当时他曾写信把这一情况向原子弹绝密计划的督导官兼保密检查负责人汇报，后者非常怀疑它乃是一个密码。但费曼并没有因此而疑神疑鬼。他在回信中坦然直言："此数的小数展开式在 855…之后显得有点杂乱无章起来，但旋即康复如初，又恢复了它的神奇规律性，然后又开始作新一轮的循环，乃至于无限。如果阁下真的用 243 去除 1，您就会得到这一切，不差分毫。所以，我认为它绝不会是一种密码，用不着大惊小怪。"

费曼与这位督导官的通信到此为止。不过，好奇的读者兴许还是有一种"打破砂锅问到底"的想法，希望把它搞个一清二楚。好吧，这事也不算太困难，让我们把除法索性进行到底吧

$$\frac{1}{243}=0.\dot{0}04115226337448559670781893$$

循环节共有 27 位之多，统统求出来了。由于$\frac{1}{243}=3^{-5}$，循环节的位数 27 恰恰等于 3 的立方，这与数论中的已知定理也是吻合的。

不过，事情并没有完。人们不禁要问：吻合得非常之好的规律为何好景不长，进行到 855……之后就自我破坏，大乱其套了？这倒是要追查个水落石出的。

在 855 之后，如果按照前面的规律继续推演下去，照理应是 966，然后便是 1077，1188，等等，但你不要忘记，人们现在使用的是十进位计数制度，在每个数码之后，只能留出一个空位来记录其他数码，所以，留出的地位显然不敷应用了。既然如此，我们不如用另外一种格式来书写：

```
   …855966
         1077
            11
              88
                12
                  99
                    13
                      10
                        10
                          14
                            11
                              11
                                15…
+)────────────────────────────────
   …85596707818930041l522…
```

这样一来，显得有点“鸠占鹊巢”，有时候，一只窝里有两只鸽子了。这样吧，对准好位置来一个上下相加，看看结果如何。

果然，奇迹出现了，我们看到的“和”竟然就是那个循环小数，不存在一点偏差。费曼先生所谓的“有点乱”，其实却是一点也不乱。

众所周知，爱因斯坦不信概率，他说过一句名言：“上帝不会去掷骰子”，在任何紊乱事物的背后，都有铁定的法则在支配着。

或许这是爱因斯坦的一种偏见，谁知道呢？

还有，作为诺贝尔奖金获得者的费曼先生，何以竟会看不破这点小小名堂呢？须知，数学与物理，虽然是非常接近的姐妹学科，毕竟还是“各人自扫门前雪”的。这个故事令我们不禁想起了“隔行如隔山”的这句古训。

## 7.12 银河俱乐部里的$\frac{1}{13}$

归国华侨、天文学家、著名科幻作家、中国科普作家协会常务理事郑文光先生在前几年去世了。他是笔者的好朋友，记得我们常在一起谈论，中国的科幻作品，无论数量与质量都与国外差上一大截，未免扼腕叹息。早在宋朝科学家沈括的《梦溪笔谈》里就有外星人访问地球的记载，更早的则甚至可以追溯到《山海经》。

我们所在的银河系大约由几千亿颗恒星所组成，外形犹似乐队中所用的大钹，中央鼓起的部分叫银核，边缘扁薄的部分叫银盘。银河系的直径约为 8.5 万光年，太阳大致位于它的对称平面上，离开银河系的中心约有 2.7 万光年。

从日常生活的标准来看，我们的太阳系非常巨大——其直径约 120 亿千米，但当我们试图寻找外星超级文明时，这样的距离实在是太微不足道了。

已知距太阳最近的恒星是半人马座的比邻星，它离地球的距离约为 4.3 光年，即大约等于

$$300000\times31536000\times4.3$$

计算下来的结果是略小于 $4\times10^{13}$（4 后面跟 13 个 0，即 40 万亿千米），这样的距离相当于“阿波罗号”宇宙飞船往返 5000 万次，或者换一种说法：以“阿波罗号”登月火箭的速度飞行（每小时 4 万千米），需要 10 万年的时间才能抵达我们最近的邻居——半人马座比邻星。

苏联的天体物理学家卡尔达谢夫曾经提出，文明可能以三种不同的水平存在：Ⅰ型文明可以驾驭由核聚变产生的能量（人类文明正在向此种前景演进，但目前还远不能达到此种水平，“能源危机”仍是高高悬在全人类头上的一把利剑）；Ⅱ型文明则可以自由支配其中心天体及其所有行星，卫星（对我们人类来说就是整个太阳系大家庭）的全部能量，因而其所能驾驭的能量约为Ⅰ型文明的 100 万亿倍；Ⅲ型文明则能运用其星系的全部能量，它又比Ⅱ型文明的能力高强 5000 亿倍（一般星系大致拥有 5000 亿颗恒星）。

美国著名天文学家卡尔·萨根（Carl Sagan）则认为，衡量某个文明所拥有总信息量甚至比衡量它所能驾驭的能量更有意义，这种信息量以“比特”（bit）为单位来描述。现代人类文明的信息量大约是 $10^{14}$ 比特。卡尔·萨根建议把 $10^{6}$ 比特的文明称为 A 型文明，比特数每增大 10 倍，就依次用下一个英文字母来表示。现代人类文明大致相当于 H 型文明。萨根推测，人类日后首次接触到的外星文明很有可能是 J 型或 K 型文明，也就是说，他们可能比我们人类高明得多（图 7-2）。

按照目前人类的科学发展水平，如果不出什么意外，大约在 50 个世纪之后，就有可能出现一个“银河俱乐部”（the galactic club），好像目前“联合国”那样的组织，来协调银河系大家庭中各成员国之间的种种关系。

其他星球上的文明生物可能由迥不相同的物种进化而来。然而，鉴于物质世界的客观性和统一性，不同文明用以描述它的数学工具必将具

图 7-2

有本质相同的特征。也就是说，不同文明之间的共同语言就是数学。

银河系将是一个多元文化的大家庭，所用的进位制可以各不相同。50 个世纪以后，人类多半还是使用目前的 10 进位制，而别人呢？则可以各取所需，2 进位、3 进位、8 进位、12 进位……各用各的。

英国大数学家康韦举了一个很生动的例子，在银河俱乐部里，$\frac{1}{3}$随其所在恒星系（可以视为大大小小的不同“独立王国”）的环境，各自挂出它的“牌价”，好比目前的人民币同美元、英镑、欧元、日元……的兑换汇率一样。

表 7-2 就是这张表的一部分。

**表 7-2**

| | | |
|---|---|---|
| 2 进位 | $\frac{1}{13}=0.\dot{0}0010011101\dot{1}$ | 循环节长度 12 |
| 3 进位 | $\frac{1}{13}=0.\dot{0}0\dot{2}$ | 循环节长度 3 |
| 4 进位 | $\frac{1}{13}=0.\dot{0}1032\dot{3}$ | 循环节长度 6 |
| 5 进位 | $\frac{1}{13}=0.\dot{0}14\dot{3}$ | 循环节长度 4 |
| 6 进位 | $\frac{1}{13}=0.\dot{0}2434053121\dot{5}$ | 循环节长度 12 |
| 7 进位 | $\frac{1}{13}=0.\dot{0}3524563142\dot{1}$ | 循环节长度 12 |
| 8 进位 | $\frac{1}{13}=0.\dot{0}47\dot{3}$ | 循环节长度 4 |
| 9 进位 | $\frac{1}{13}=0.\dot{0}6\dot{2}$ | 循环节长度 3 |
| 10 进位 | $\frac{1}{13}=0.\dot{0}7692\dot{3}$ | 循环节长度 6 |
| 11 进位 | $\frac{1}{13}=0.\dot{0}93425t1768\dot{5}$ | 循环节长度 12 |
| 12 进位 | $\frac{1}{13}=0.\dot{0}\dot{e}$ | 循环节长度 2 |

注：表中 t 为 ten 的缩略记号，表示 10，e 为 eleven 的缩略，表示 11。

必须说明的是，康韦先生为人比较风趣，比较随便，并不是板起面孔来一味讲求“严谨”。他在表中所说的$\frac{1}{13}$，都是站在 10 进位的立场来看问题的。其实，在 9 进位里，10 进位中的$\frac{1}{13}$按理说是应记为$\frac{1}{14}$的，即

$$\left(\frac{1}{13}\right)_{十}=\left(\frac{1}{14}\right)_{九}$$

同样

$$\left(\frac{1}{13}\right)_{十}=\left(\frac{1}{15}\right)_{八}$$

等等，请读者自己留意，为了节省篇幅，我们就不去做什么“更正”了。

循环节的长度按进位制的不同而改变，这是一种很值得注意的

现象。

表中还有一些很有趣的性质，例如，在 2，4，6，8，10，12 等偶数进位制中，$\frac{1}{13}$的循环节可以一分为二，而前后两个对应数字之和为（基数 $b$）$-1$。甚至在奇数进位制（例如 5 进位，7 进位与 11 进位）中，只要循环节的长度为偶数，可一分为二，此种性质仍然成立。

对上面表格中所列出的数据，我们是很容易验算的，只要应用一个等比数列的常用公式

$$s=\frac{a}{1-q}$$

就行了。

譬如说，在 12 进位制中，表中的结果为

$$\frac{1}{13}=0.\dot{0}\dot{\mathrm{e}}$$

它究竟对不对呢？把它多写几项便是

$$\begin{aligned}0.\dot{0}\dot{\mathrm{e}}&=0.0\mathrm{e}0\mathrm{e}0\mathrm{e}\cdots\\&=\frac{11}{144}+\frac{11}{144^2}+\frac{11}{144^3}+\cdots\end{aligned}$$

显然，此处公比 $q=\frac{1}{12^2}=\frac{1}{144}$

从而有

$$\frac{\frac{11}{144}}{1-\frac{1}{144}}=\frac{\frac{11}{144}}{\frac{143}{144}}=\frac{11}{143}=\frac{11}{13\times11}=\frac{1}{13}$$

其他结果也可用类似方法进行处理，当然应用同余理论或直接去做长除法也行。

## 7.13 马尾巴的功能

“扬州八怪”是中外闻名的怪画家，他们的生活来源与研究对象是绘画，当然与我迥不相同。然而，我受到他们的影响至深且巨，以至于在数学上也要时出怪招，同他们的思想是一脉相承的。

我在求循环小数时，是从右至左，自尾巴抓蛇头，逆流而上地倒做的。现在用$\frac{1}{17}$作为例子，说明如下。

先写出一系列的 9，并列出乘数表（表 7-3）（也可以不写出来，在心中默记）。

**表 7-3**

| | |
|---|---|
| $17\times1=17$ | |
| $17\times2=34$ | |
| $17\times3=51$ | |
| $17\times4=68$ | 注意末位数正好是不重不漏，完全覆盖了 1，2，3，4，5，6，7，8，9 |
| $17\times5=85$ | |
| $17\times6=102$ | |
| $17\times7=119$ | |
| $17\times8=136$ | |
| $17\times9=153$ | |

下面就是算草：

这个方法的最大优点是扣准末位，执尾立商，不像传统方法那样的游移不定，而是百发百中，可以在转瞬之间确定商数，随即迅速向左推进到下一位。只要稍加练习，速度是可以大大提高的。

另外，一旦计算到“半路”标志的地方，就可以根据偶数循环节的前后半段互补性质，立即写出前八位为 05882352，从而立即算出结果

```
        …94117647
    17) …9999999999
               119
            ———————
               88
               68
            ———————
              992
              102
           ———————
             989
             119
          ———————
             87
             17
         ———————
            97
            17
        ———————
           98
           68
       ———————
          993
          153
       ———————
          84——→半路标志
                 84≡−1 (mod 17)
```

$\frac{1}{17}=0.\dot{0}58823529411764\dot{7}$

对于其他除数，也可完全类似地进行操作，所以本法是具有普遍意义的。

由于作者的生肖为马，故而戏称之为“马尾巴法”。日本的“和算”家（日本人自称“大和”民族，他们的古算叫做“和算”）们是从中国明朝数学家程大位的《算法统宗》那里学习加、减、乘、除四则运算与珠算的。日本也有算盘，但梁上只有一粒算珠，下面只有四粒算珠，与我们稍有不同，但原理还是一样的。

时至今日，日本的年青一代，基本上已经不大会打算盘，“尾约术”面临失传的危险。

## 7.14 异想天开的除法

约翰·冯·诺伊曼是伟大的数学家大卫·希尔伯特的学生，是20世纪最杰出的数学家之一，原籍匈牙利，1903年生于布达佩斯，1930年去了美国，1932年被聘为普林斯顿高等研究员首批常任成员，爱因斯坦也在那里工作，后来加入了美国籍。

冯·诺伊曼是博弈论的创始人，他与经济学家摩根斯坦合著的《博弈论与经济行为》被认为是运筹学的一块里程碑。他又是第一台电子计算机的设计师。正是他为电子计算机这条“画在壁上的巨龙”点上了眼睛，使它破壁飞去，从而对以后的科技发展产生了无可估量的深远影响。

他原先是研究化工的，后来虽然改了行，专搞数学研究，但仍然对工程技术怀有深厚感情。他的技术知识十分渊博，又善于联系实际。他对电子计算机的设计，从一般逻辑理论一直搞到了具体电路的结构细节。

冯·诺伊曼很喜欢写科普作品，《计算机与大脑》就是他的得意之作。一位学者曾经很幽默地说过：“他的大脑就是一台惊人的计算机，其网络系统比起北美洲全部电报电话的通讯系统还要复杂得多。”

冯·诺伊曼还是一位速算天才，拥有进行各种心算的非凡本领和出神入化的技巧。罗伯特·金克在其名著《比一千颗太阳还亮》中写道：“1944年夏季，当时原子弹研制组顾问，目下已故的冯·诺伊曼教授就已经着手电子计算机的研究。他在洛斯阿拉莫斯实验室的工作就是研究核武器设计所需的大量数字计算。当时与他共事的人中，有斯坦尼斯劳·伍拉姆（1909～1984），恩利科·费米，理查德·费曼等这样一些第一流学者。这几个人都喜欢竞赛，一争高下。当要做一项复杂的数值计算时，立即一跃而起。费米爱拉计算尺，费曼喜欢使用台式计算机，而冯·诺伊曼总是用心算。可是他往往第一个先算出来，而这三位杰出学者所得出的最后答数总是非常接近的。”

冯·诺伊曼和牛顿、爱因斯坦一样，是一个很谦虚谨慎的人，善于吸取他人的长处。他有一些惊人的速算方法，就是向名望比他小得多的“小人物”学来的。

下面以 $1\div19$ 为例，来看看他是怎样在做除数为 19 的两位数除法的。俗话说：“不怕不识货，只怕货比货”，让我们把常规除法也写出来（见下列算式），读者们可以自己对比一下，请注意在“异想天开的除法”中，商数将产生一个向右一位的“时间延迟”，并转移到被除数。

常规除法

```
      0.052631578947
   19)1 00
      95
      ---
        50
        38
        ---
        120
        114
        ---
         60
         57
         ---
          30
          19
          ---
          110
           95
          ---
           150
           133
           ---
            170
            152
            ---
             180
             171
             ---
               90
               76
               ---
               140
               133
               ---
                 7
                 ⋱
```

异想天开的除法

```
       0.052631578947
    2) 0.105263157894
         10
         ---------
          5
          4
          ---------
          12
          12
          ---------
            6
            6
            ---------
             3
             2
             ---------
             11
             10
             ---------
              15
              14
              ---------
               17
               16
               ---------
                18
                18
                ---------
                  9
                  8
                  ---------
                  14
                  14
                  ---------
                   7
                    ⋱
```

请注意这里的“时间延迟”

```
0.0  5  2  6  3  1  5  7  8  9  4  7···
   \  \  \  \  \  \  \  \  \  \  \
0.1  0  5  2  6  3  1  5  7  8  9  4···
```

谁都知道“二一添作五、逢二进一、逢四进二……”，做一个除数为 2 的除法是极其容易的，即使心算不太熟练的人做起来也并非难事。

而冯·诺伊曼正是用这种新颖的、异想天开的除法，即带有商数时间延迟的 0.1÷2 来代替传统的除法 1÷19 的。

这种除法具有普遍意义，凡是除数为 29，39，…，79，89…的两位数时都可以按此法相应处理。

冯·诺伊曼说，这种方法他是向原籍新西兰的艾肯学来的，后者默默无闻，谁都不知道他是什么样的人物。

# 08 迭代·拉平·混沌·分形

## 8.1 大家都拉平

炽热的太阳，向外不断辐射热量，尽管热核燃料很多，但终究会有用尽的一天。其他恒星，乃至星系也是一样。热力学第二定律告诉人们，宇宙最终将是“热寂”，那时，宇宙空间的温度处处都一样，一切活动也就停止了。

上述学说不断遭到质疑、反驳，乃至“批判”，历时已达数世纪之久，但它始终未被驳倒。大家统统一样，完全拉平，“绝对平均”是否就是宇宙的必然走向与普遍规律呢？这真是一个值得深思的大问题与大难题。下面就请你来做一个模拟游戏。

任意取四个正整数，把它们写在正方形的四个角上。在正方形的外面画一个外接正方形，并且继续做下去，进行层层嵌套（图 8-1）。然后把相邻的两个数相减（以大减小），得出四个差数之后，写在外接正方形相应的位置上。

继续画正方形，并继续反复执行减法运算，你将会发现，到某一步必然会得出四个“0”来，于是大家都彼此彼此，拉扯得一样平了。

许多人根本不相信上述说法，怎么办呢？还是让事实来说话，我们不妨存心取四个相差悬殊的数，例如 2005，7，686，1000000，然后按照上面的指示，执行减法运算（图 8-1）。

做到第五轮，不可思议的事情终于出现，正方形四只角上的数目都变成了 0。

有趣的是，开始时所取的四个数，可以是正整数，也可以是负整数，甚至分数和小数也行。大家不妨去试一试。

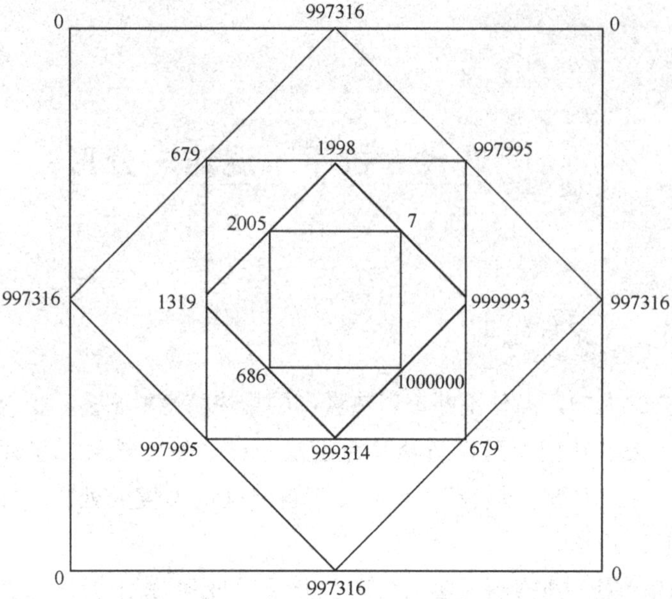


图 8-1

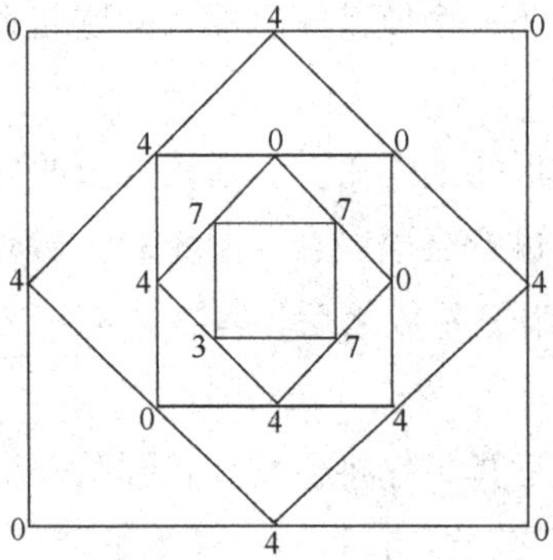


图 8-2

最令人惊讶的是，开始时已经有三个数字相同（如可取 7，7，7，3），照一般人的想法，大概要不了经过五轮，就可以泯除彼此之间的差别，最终归宿为 0 吧。岂知事与愿违，不多不少，仍然需要五轮，才能达到“拉平”地步（图 8-2）。

关于这一点，我们已用代数证明了。设 $a>b>0$，则变换过程如下（我们不想再画图了，改成式子，当然其作用是一样的。要说明的是，在数组（$a$，$b$，$c$，$d$）中，可以视为 $a$ 与 $b$，$b$ 与 $c$，$c$ 与 $d$ 相邻，而最后的 $d$ 与 $a$ 也是相邻的）

$(a, a, a, b)\to(0, 0, a-b, a-b)\to(0, a-b, 0, a-b)$
$\to(a-b, a-b, a-b, a-b)\to(0, 0, 0, 0)$

对于有理数的情形，容易证明经过有限步后，最终可得到 4 个 0（提示：不妨设 4 个有理数均为正整数（为什么不妨?），则 4 步以后，

最大数必减小）

下面再进一步，把减法改为除法，且在相除时，规定把较大的数作为被除数（或分子），较小数作为除数（分母），这样反复运算的结果，最后会统统拉平，大家都变成为 1 吗？

譬如开始时，我们取（2，3，7，10）于是经过各轮变换，结果如下

$$(2,\ 3,\ 7,\ 10)\rightarrow\left(\frac{3}{2},\ \frac{7}{3},\ \frac{10}{7},\ 5\right)\rightarrow\left(\frac{14}{9},\ \frac{49}{30},\ \frac{7}{2},\ \frac{10}{3}\right)$$

$$\rightarrow\left(\frac{21}{20},\ \frac{15}{7},\ \frac{21}{20},\ \frac{15}{7}\right)\rightarrow\left(\frac{100}{49},\ \frac{100}{49},\ \frac{100}{49},\ \frac{100}{49}\right)\rightarrow(1,\ 1,\ 1,\ 1)$$

我们知道，按照群论的观点，0 是加法群的幺元（也叫“单位元素”），而 1 是乘法群的幺元。这个游戏虽然简单，寓意却是很深刻哩！

## 8.2 狗抓耗子

“狗抓耗子，多管闲事”是一句很有名的歇后语。猫是老鼠的天敌，现在却由狗来反客为主、越俎代庖了。对狗来说，岂非不务正业了吗？然而，在鼠患猖獗的地方，狗抓老鼠却是屡见不鲜的常见现象。吃了主人家的俸禄，岂能坐视？狗也别无选择之余地，只好挺身而出了。

在数学里头，开平方要比加、减、乘、除四则运算困难得多。欧洲中世纪的所谓“黑暗时代”，竟有许多读书人不会开方。也许你不会相信：开方居然可以用除法与求平均数来代替，而且，上古时代的巴比伦人就知道了这种巧妙无比的办法。有本世界名著叫《数学——人造的宇宙》（*Mathematics—The Man-made Universe*）为我们一语道破了这种稍嫌麻烦，然而构思奇特的算法。从某个方面，显示了数学的玄妙和“天机”。

巴比伦人的根据地在西亚，其故地即如今举世瞩目的伊拉克两河流域（幼发拉底河与底格里斯河）。《数学——人造的宇宙》写作风格极为独特，没有枯燥乏味的说教与繁冗的证明，该书迄今没有中译本，书中的许多精彩内容也很少有人征引。今以 $\sqrt{19}$ 为例，来介绍这种异乎寻常的办法。

用计算器或电脑，可以算出 $\sqrt{19}$ 的近似值为

$$\sqrt{19}\approx4.358898944$$

把它放在一边，作为对照。

第一步，可设 4 为初步近似值，当然那是极为粗略的。然后执行普通除法，以 19 为被除数，4 为除数算出

$$19 \div 4 = 4.75$$

接着来求初次近似值 4 与 4.75 的算术平均数，也就是

$$\frac{4.75+4}{2}=4.375$$

显然，4.375 的平方更加接近于 19，比 $4^2=16$ 要好得多了；这时，我们就毫不留情地“过河拆桥”，认为 4 的历史使命已经完成，把它彻底抛弃了。

第二步，我们如法炮制，方法照旧，但除数由 4 变为 4.375，照样做除法

$$19 \div 4.375 \approx 4.343 \text{（取三位近似值）}$$

然后，还是去求算术平均数，即

$$\frac{4.375+4.343}{2}=4.359$$

以下的办法几乎是一成不变、原封不动的，也就是数学里头所谓的“迭代”过程，所以我们就直接写出其结果，而不必花费笔墨，一一加以解释了。

第三步，设 $\sqrt{19}$ 的近似值为 4.359

$$19 \div 4.359 \approx 4.358798$$

$$\frac{4.359+4.358798}{2}\approx 4.358899$$

第四步，设 $\sqrt{19}$ 的近似值为 4.358899

$$19 \div 4.358899 \approx 4.3588989$$

$$\frac{4.358899+4.3588989}{2}\approx 4.35889895$$

第五步，设 $\sqrt{19}$ 的近似值为 4.35889895

$$19 \div 4.35889895 \approx 4.358898937$$

$$\frac{4.35889895+4.358898937}{2}\approx 4.358898944$$

经过五步迭代以后，人们不难发现，同参照数值已经完全吻合，而

没有丝毫差别了。

办法虽然略显麻烦，但由于其神奇性，人们在欣赏之余，是不会嫌弃的。本文作者有一位多年老同事，是位化学教授。他在战争中不幸失去双手，成了残疾人，后来他的老伴又先他而去，成了孤家寡人。然而他练出了绝技：以脚代手，生活完全可以自理。虽然操作起来麻烦多了，人们却更是啧啧称奇！

说到这里，文章似乎可以结束了。因为那本世界名著，也已经鸣金收兵矣。但是，精华的地方，原书作者却还未曾梦见哩。现在，请允许我再添上几笔。

假使第一步犯了大错，把 $\sqrt{19}$ 的初步近似值误算成 7，那怎么办呢？人们常说，“失之毫厘，差之千里”，自然就大错特错，弄得面目全非了。

但我奉劝你铁下心来，还是照老办法坚决执行下去。为了节省篇幅起见，当然不必把所有的细节都记录下来，而只要把 $\sqrt{19}$ 这个无理数的逐次近似值的变换情况摘出

$$7\to4.857\to4.3845\to4.35895\to4.358899\\ \to4.35889895\to4.358898944$$

最后得出的结果还是一样：由此可见，迭代过程是收敛的，它具有**自动纠错**的作用，那才是本方法最奥妙、最深刻的精髓！

## 8.3 混沌与分岔

有人认为，20 世纪有四项发明发现足以影响后世：相对论、量子论、分形、混沌。其中前两项属于物理，而后两项属于数学。

用数学公式来制造分形有许许多多办法，其中有一些是相当复杂的，下文却极简单，只要略知一些函数概念的人，都能毫无困难地透彻理解。

我们将把数据输入一个“黑箱”，并在其终端将输出数据再次反馈回去，进行所谓的“迭代”

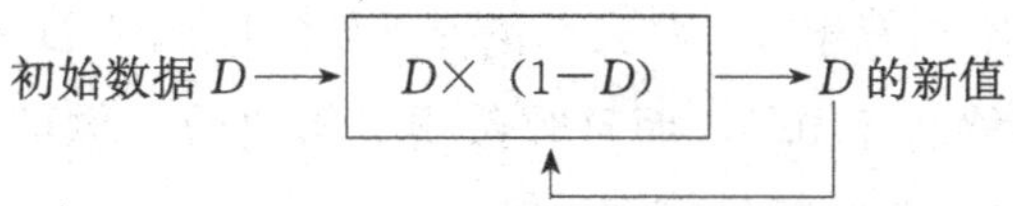

在 0 与 1 之间任选一个十进位小数，并将它输入黑箱，譬如说，不妨选定 $D$ 的初始值为 0.6，得出 $D$ 的新值的规律为：$D$ 的当前值乘以 $(1-D)$。于是得出

$$0.6\times0.4=0.24$$

然后把 $D$ 的这一新值 0.24 反馈到黑箱中去，从而得出

$$0.24\times(1-0.24)=0.1824$$

把上述过程反复进行数次之后，$D$ 将很快趋向于 0，实际上，不管你开始时取什么样的 $D$，事态发展都将如此。到此为止，人们一般也都司空见惯，并不感到什么奥妙。

但是，倘若在系统中再添加进一个元件 $K$，情况就会变得很有趣了（图 8-3）。

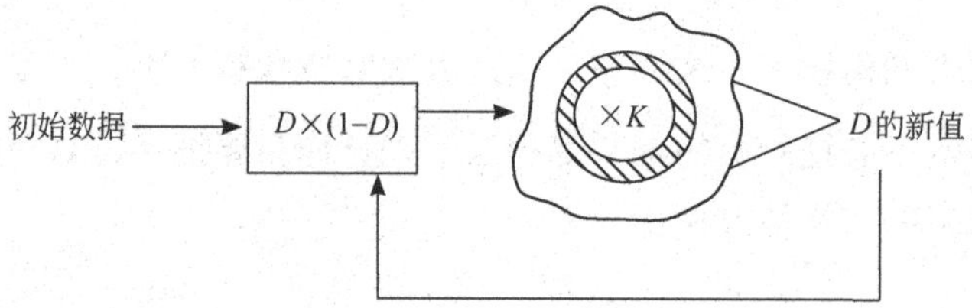


图 8-3

$K$ 好像是系统中的一只控制按钮，我们将要看一看，加入 $K$ 以后，对 $D$ 的最后取值会发生什么影响。

我们已经知道，当 $K$ 为 1 时，$D$ 将衰减为 0。现在假定 $K$ 等于 2，而你取定一个初值，例如上文所提到过的 0.6。

通过系统的作用，先得出数据

$$0.6\times0.4\times2=0.48$$

然后把它反馈回去，于是就有

$$0.48\times0.52\times2=0.4992$$

再次反馈进系统后，得出

$$0.4992\times0.5008\times2=0.49999$$

经过三轮以后，事情已经变得很清楚，$D$ 的最终值将是 0.5，值得注意的是，如果 $K$ 等于 2，那么不论你开始时取何种 $D$（必须在 0 与 1 之间），它必将终止于 0.5，而且收敛得非常之快。你可以亲自来试一试，手头要备有一只袖珍计算器。

如果 $K$ 等于 2.5，又将出现什么情况呢？此时不管你选定什么样的 $D$ 的初值（仍必须在 0 与 1 之间），$D$ 最终将收敛于 0.6。

然而，当 $K$ 等于 3 时，怪事将会发生。$D$ 最终将在两个数值 0.669 与 0.664 之间振荡。出现此等怪事，真是太奥妙了，但这仅仅是开始，更怪异的现象还在后头。

当 $K$ 等于 3.47 时，$D$ 最终将在四个数值上转圈子：0.835，0.479，0.866，0.403，时而取这个，时而取那个。

从 3.47 开始，只要 $K$ 值略微增加一点点，$D$ 的最终摆动圈子将会以越来越高的频率不断翻番。譬如说，$D$ 先是在 8 个数值之间振荡，接着是 16 个，32 个……不断翻番的过程有个专门名词，叫做分岔。最后，当 $K$ 越来越接近 4 时，就根本没有封闭的圈子可转了。$D$ 值将完全无序地从一个数突然跳跃到另一个数，而不在任何地方尘埃落定。这就意味着，混沌状态终于到来了（表 8-1）。

**表 8-1**

| $K$ 的值 | $D$ 的最终值 |
|---|---|
| 1 | 0 |
| 2 | 0.5 |
| 2.5 | 0.6 |
| 3 | 在 0.669 与 0.664 之间振荡 |
| 3.47 | 在 0.835，0.479，0.866，0.403 上面转圈子 |
| 4 的附近 | 混沌 |

让我们给你看看完整图形的粗略印象，它看起来就如图 8-4。

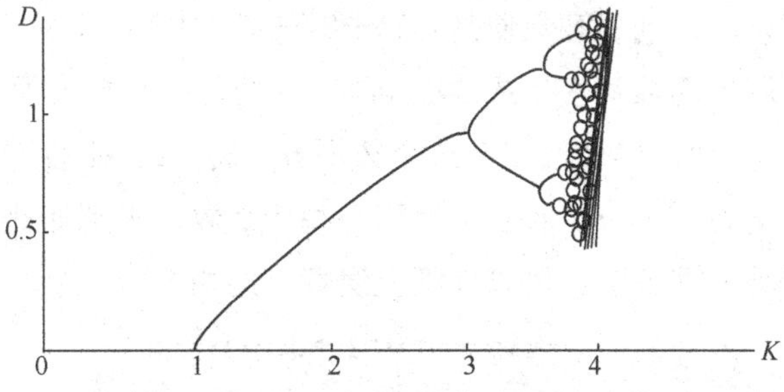


图 8-4

图 8-4 上的曲线段表示 $D$ 的最终值落定在何处。请注意，当 $K$ 值达到 3 时，单一曲线突然分裂成两支，而且在此以后不断地继续分裂。

于是我们终于领悟到分形在哪里了。只要你用放大镜对此图的任一部分进行观察，你将发现它蕴涵着无限层次的、同样复杂的微小拷贝。

把 $D$ 乘以（$1-D$），再安插一个 $K$，如此简单的操作居然能产生极其复杂的分形，真使我们大大地开了眼界。

## 8.4 天龙八部

《天龙八部》是金庸先生的大作，拍过电影和电视剧，情节不必讲了，大家都很熟悉。金庸的人生经历异常丰富，什么书都看过，他的佛学修养也很高。

其实，“天龙八部”是个不折不扣的佛学名词，就是为佛教护法的八个部族，其中有天众（Deva）、龙众（Nāga）、夜叉（Yaksa）、乾闼婆（Gandharva，香神或乐神）、阿修罗（Asura）、迦楼罗（Garuda，金翅鸟）、紧那罗（Kimnara，人非人，或歌神）、摩睺罗伽（Mahoraga，大蟒神）。这八类部众都是凡夫的肉眼所看不见的，所以又叫做“冥众八部”。

说白了，所谓“天龙八部”，实际上就是生命的其他形态，他们的种种法力，一般比人类要高，于是在小说家的笔下，他们便是各路神仙了。然而他们的寿命并非无限，也有生、老、病、死，照样也要参加“六道轮回”，在时间的长河中不断地转圈子。

数学里的怪圈特别多，又是“循环”，又是“黑洞”，名目繁多，在各式各样的“相空间”里显山露水，向世人展示着自己的存在。

我们不妨来做一个游戏，请你随便挑选一个四位数，譬如说，选一个 1234 吧。下一步该怎么做呢？请你把这个数的每一位数字都平方，然后相加起来，得到的答数便是：$1^2+2^2+3^2+4^2=1+4+9+16=30$，这样一来，原先的数就变换成 30。再将 30 的每一位数都平方，然后相加，即 $3^2+0^2=9$。然后又将 9 这个数平方，得 81。往后不断重复，按照以上的规则做下去……看看会得到一些什么数。规则如此之简单，我想你们一定马上理解了，可以在纸上演算，例如

$$9\rightarrow81\rightarrow65\rightarrow61\rightarrow37\rightarrow\cdots$$

算到这里，有的读者也许会不耐烦，嚷道：“这是个无底洞啊，算到明天都算不完!”可是，只要你耐心算下去，要不了多久，你就会发现奇迹的。结果如图 8-5 所示。

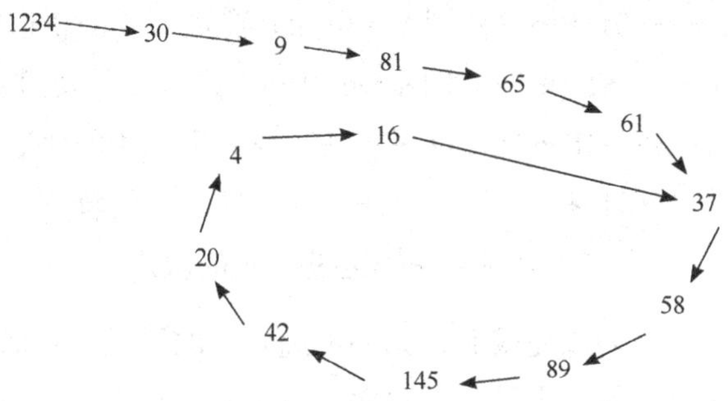


图 8-5

请看，这些数目字像是《西游记》所说的孙悟空，跌进了如来佛的手心，不断地转圈子，再也出不来了。也许读者会说：这不会是偶然现象吧。那么，就请你另外再选一个数字，如可选 1980，用它来试一试，结果仍然是转圈子（图 8-6）。

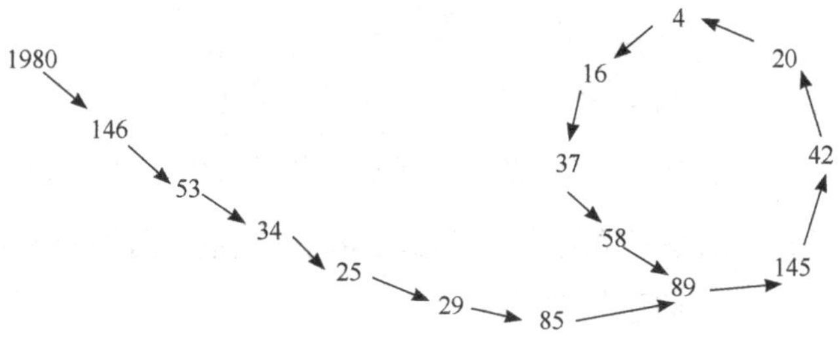


图 8-6

转圈子的现象称为“循环”，在数学里，例子太多了，简直是不胜枚举。但是，也请你注意一下，有些四位数按照上述法则进行变换时，却是以 1 为归宿的。例如，1112 这个四位数，变换情况如下

$$1112 \to 7 \to 49 \to 97 \to 130 \to 10 \to 1$$

变到 1 以后，按照运算法则做下去，以后就一直是 1，1，1，…了。这个“1”，就称为“沟”，也有人叫它“汇”，是取“百川汇海”之义。还有人叫它“黑洞”，因为一旦进去之后，就永远出不来了。

对一位数来说，1，4，7 的变化情况在上文都已说过了，现在让我们来看看别的数

2→4（进入 4 的轨道）

3→9→81→…（由图 8-5 可知，要进入 4 的轨道）

5→25→29→…（由图 8-6 可知，进入 4 的轨道）

6→36→45→41→17→50→25→…进入 4 的轨道

8→64→52→29→85→89→…进入 4 的轨道

9→81→65→…也进入 4 的轨道

有趣的是，它们或先或后，无一不进入 4 的轨道，然而 4 的轨道中正好有 8 个成员，像“走马灯”那样，不断地在转圈子，我们之所以称其为“天龙八部”其道理正在于此！

西方学者称其为“轮转数字不变数”（recurring digital invariants，RDI）者，道理也基本类似，不过在三位数的场合，每个数目都要取三次方，然后相加。人们发现，136 与 919 是二阶的，转了两次就恢复原状了（图 8-7）：

$$1^3+3^3+6^3=1+27+216=244$$

$$2^3+4^3+4^3=8+64+64=136$$

$$9^3+1^3+9^3=729+1+729=1459$$

$$1^3+4^3+5^3+9^3=1+64+125+729=919$$

至于 160，则是三阶的，其状态之间的变化情况可用图 8-8 来表示，其样子就像是香炉的三只脚了。

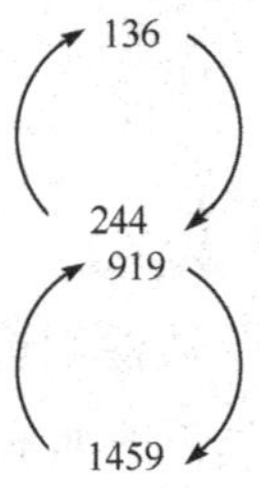


图 8-7

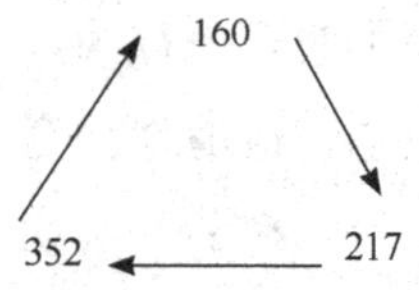


图 8-8

执行四次方的变换，而能返回初始状态的也不是没有，以下便是一个实例：

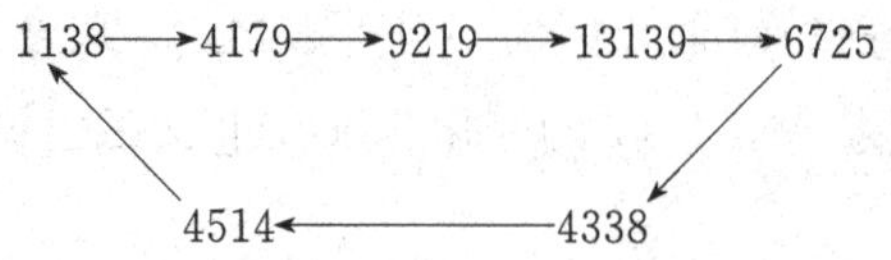


有意思的是，变换结果也会产生很复杂的无理数，现在考虑［－2，

2] 区间内的变换 $x \to x^2-2$，当然

$$2 \to 2$$
$$-1 \to -1$$

是变换的不动点，那是一望而知，不消多说的了。但是，也存在着二阶的点，例如$\frac{1}{2}(\sqrt{5}-1)=0.618033988\cdots$，其变换情况为

$$0.618033988749\cdots \to -1.618033988749\cdots$$
$$\to 0.618033988749\cdots$$

就不大容易看出来了，采用上文的记法，我们也可以较为形象地通过图解来表示（图 8-9）。

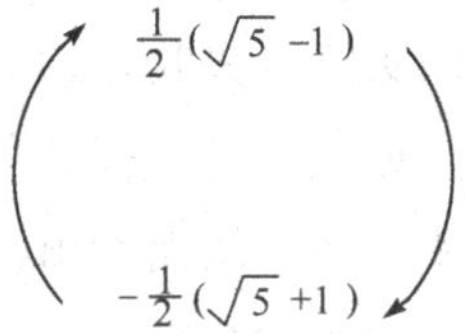

图 8-9

更难看出的是，区间 [−2，2] 内还存在着 6 个特殊点，它们都是三阶点

$$1.532088886\cdots \to 0.347296355\cdots \to -1.879385241\cdots$$
$$\to 1.532088886\cdots$$
$$1.2469796037\cdots \to -0.4450418679\cdots \to -1.8019377358\cdots$$
$$\to -1.2469796037\cdots$$

这些数均为代数数（algebraic numbers），分别为三次方程

$$x^3-3x+1=0，x^3+x^2-2x-1=0$$

的根。

不过，最为令人激动的场合莫过于复数平面上的迭代了。法国数学家茹利亚（Gaston Julia，1893～1978）是大数学家庞加莱（J. H. Poincaré，1854～1912）的学生，倾其全力研究了$z \to z^2+c$（$c$ 为复常数）的映射，并据此写出了一篇长达 300 多页的冗长论文。几乎同时，他的一位竞争对手法图（P. Fatou，1878～1979）也研究了同样的问题。复数 $z=x+y\mathrm{i}$ 有着自己的一套算术、代数和分析，它们之所以存在，全靠纯数学的想象作用：认可 −1 可以有平方根，从而扩大了数的领域以包容这个古人未曾梦见的大臆测。

他们的想法简单之至，在 $z \to z^2+c$ 中，固定 $c$ 不变，随着迭代的不断进行，观察任一初始给定值 $z$ 所发生的情况。

对于有的初始值，$z$ 很快趋向无穷大，有的则否。设想取一支笔来给复平面上的点着色，凡是趋向无穷大的着黑色；反之，则着上白色，其边界便是茹利亚集。

借助于现代电子计算机，可以把它们画出图来，每一个 $c$ 有它自己的茹利亚集，它的形状简直是复杂得难以置信。兔子、海马、宇宙尘、玩具风车……洋洋大观，花样繁多，层出不穷。以致一位法国画家说出了发自内心的赞叹："它们有的像天上的浮云，有的如多刺的荆棘，有的则像节日之夜，烟火熄灭后仍在空中飘动闪烁的火星……真可以使许多画家掷笔兴叹，顶礼膜拜。"

茹利亚集简称 $J$ 集，不同的参数值 $c$，所对应的 $J$ 集有的连通，有的不连通。从而引出芒德布罗（Mandelbrot，1924 年出生于波兰华沙，被公认为"分形几何之父"）集的如下定义：

芒德布罗集（简称 $M$ 集）是使 $J$ 集为连通的参数 $c$ 的集合，即

$$M=\{c\in\mathbb{C} \mid J(P_c)\text{ 为连通的}\}$$

$M$ 集有许多怪里怪气的别名，它被称为"姜饼人"，因为它身躯矮胖，脑袋滚圆。在德语中又指"杏仁面包"，这是一个双关语。不过，无论内行还是外行，人们最喜欢的爱称，还是叫做"数学恐龙"。

1980 年，当芒德布罗第一次画出图 8-10 的图形以来，$M$ 集就被公认为迄今发现的最复杂的形状。大体上说，它是由一个主要的心脏形结构与一系列"芽苞"突起连在一起，而每一个芽苞又被更细小的芽苞所环绕，此外还有更精细的"头发"状分支向外长出。由于计算机屏幕分辨率的问题，很可能看不清楚细节，但是所有这些黑色的点确实像是被一张无形的大网连接在一起了。现在数学上已经证明：$M$ 集确实是一个连通集。

$M$ 集最惊人的特征是：当你以越来越高的放大倍数把它放大时，它依然保持着极端复杂的结构，几乎每次放大都使人目瞪口呆：漩涡、涡卷、面团、海马、发芽的仙人掌、线圈、蝮蛇、斑点、繁星，乃至"之"字形闪电……（图 8-11）

在姜饼人体内的藏得极深的脏腑内，大概百万分之一，你会发现具体而微的小姜饼人，每一细节都完整无缺，从而使它的自相似性得到了完全的体现。

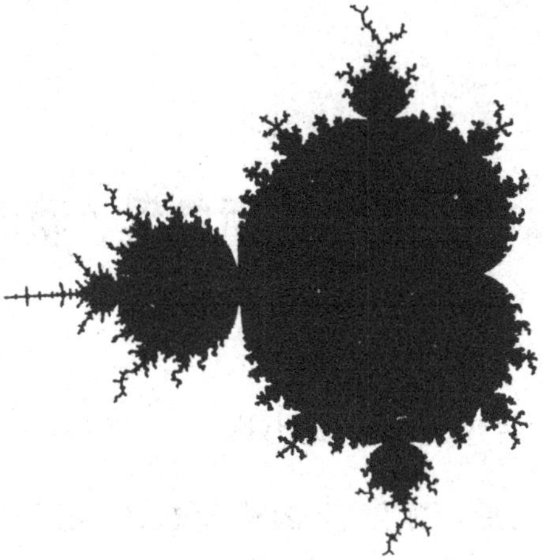

图 8-10

一粒米中藏得下三千大千世界，难道宇宙的精细结构真是如此吗？

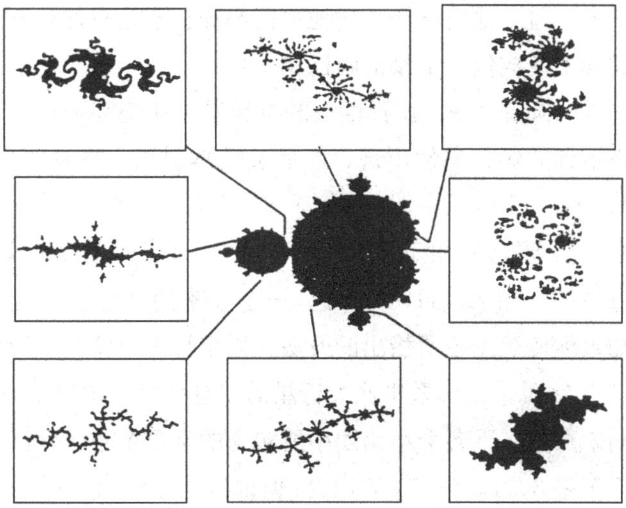

图 8-11

# 09 意外惊喜·新发现·新进展

## 9.1 你绝不会想到π在此出现

令人错愕万分的是，刚才还是凶神恶煞、气焰万丈的魔头，竟然跪倒在地，叩头如捣蒜般地哀嚎："大圣饶命！大圣饶命！小的今后万万不敢再冒犯三藏法师与手下各位高徒了。"老鬼的态度为何如此前倨后恭，来了个一百八十度的大转变呢：原来是"七十二变"的孙悟空钻进了他的肚子里，蹬了他的肚肠，使他痛彻心扉！于是只好认输服低，从不可一世的大王变成低头哈腰的哈巴狗了！

神出鬼没的圆周率π，比孙悟空的本领恐怕还要高强得多，它会在你万万料想不到的场合突然出现，然后又悄然引退，真是"来也匆匆，去也匆匆"。

请看图 9-1，图上写出了 26 个大写英文字母，请把那些具有左、右对称的字母划掉，如 A，H，X，Y，…余下来的字母就形成了一个个小集团。如果你按照图中所指出的方法，以字母 J 为起点（J 是天神 Jupiter 的第一个字母，太阳系中八大行星的"老大哥"木星也叫 Jupiter）顺时针方向来点数一下各个小集团中所包含的字母个数，你就会惊奇地发现，这不正是 3，1，4，1，6 吗!？据说这个小游戏，是一位西方占星学家发现的，他逢人便说，这是"上帝"的有意安排，那当然是胡说八道，信口雌黄。不过，可别忘了，现在很时髦的用星座安排命运的各种说法，同样是荒唐无稽的。

现在，请用你的计算器做一个相当有趣的实验。把 2143(前 4 个自然数 1，2，3，4 的某种组合）除以 22，然后接连按动开平方根键两次，你将能得出准确到 8 位小数的圆周率π，这个令人惊奇的公式

$$22\pi^4 \approx 2143$$

是印度天才数学家拉马努金所首先发现的。

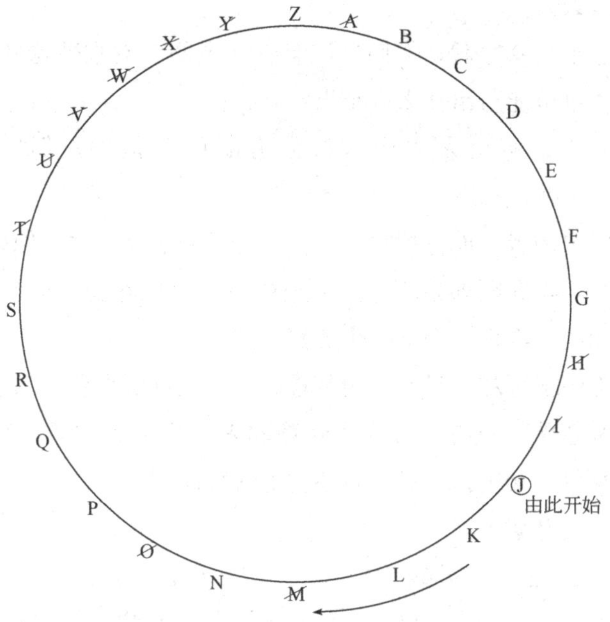


图 9-1

## 9.2 意外的惊喜

回顾我们现在中小学里所教的数学，实在有点太讲究功利主义了。处处强调应用，内容十分枯燥乏味，更忽视深刻而有趣的自然规律，以致许多青少年对数学感到很头痛，很反感，产生了厌学情绪。有些“奥数”优胜者“小时了了，大未必佳”，甚至有人在得奖之后声称要告别数学，今生再也不愿去碰数学。凡此种种，对我国要在未来争取成为世界数学大国的远大理想很不利，实在不是可以等闲视之的小事。

实际上，数学里的有趣题材多得很，可谓俯拾皆是。我们自然应该多加留意，随时搜集，用以启发少年朋友的心智，滋润这些幼苗，使他们心甘情愿地投入数学王国的怀抱。

“酒香不怕巷子深”，说得固然不错，但如果巷口有指路标，那当然更好。下面有一则小题目，倒也可以作为“引玉之砖”：

请把十五位数152415789971041用9乘一下，要求乘积必须绝对正确，不得有误。

接到这个指令之后，你们兴许会感到纳闷。被乘数这样乱七八糟，毫无规律，难道能得出什么好结果?

果不其然，算出来的十六位数丑陋面目依旧，仍旧像一团乱麻：1371742109739369。

此时，出题者一面打招呼，一面又布置新任务："你们要有足够的耐心啊。当年陶渊明如果不坚持，他能发现'桃花源'吗?总而言之，请勿半途而废，再把它乘上一个9好吗?"

于是你情不可却，只好勉为其难。心理也有所准备，顶多再上一次当而已。好在乘数只有一位，实际算起来并无多大困难。直接乘9也行，或者乘以（10－1），做个减法就能解决问题。

请看竖式算草

$$\begin{array}{r} 1371742109739369 \\ \times \qquad\qquad\qquad\quad 9 \\ \hline 12345678987654321 \end{array} \quad \text{或} \quad \begin{array}{r} 13717421097393690 \\ -1371742109739369 \\ \hline 12345678987654321 \end{array}$$

结果当然使你大吃一惊，好像三伏天喝冰水，凉透心田。不过你必须亲自动手算一算，才能亲身感受到这种惊喜。你将进入"从混沌到有序"、物我皆忘、万物与我同为一体的境界。

现在可以对此略加解释。实际上，第一个怪异数152415789971041是著名的"缺八数"12345679的平方，它简直可以说是一个"催生婆"，用来得出十进位中最接近于完美的全阶升降回文数12345678987654321。

12345679的平方数虽然看上去桀骜不驯，难以驾驭，但却瞒不过有慧眼与悟性的聪明人，只要变换与重组就能洞察它的奥秘

$$\begin{aligned} &12345679^2\times 81 \\ =&(12345679\times 9)^2 \\ =&(111111111)^2 \\ =&12345678987654321 \end{aligned}$$

全阶升降回文数就这样产生出来了。其实，我们也只能做到这种地步，这叫见好就收。如果得陇望蜀，不肯及早抽身的话，你倒不妨去算

算接连 10 个 1 的平方，看看它会得出一个什么怪模样。

有人说，全阶升降回文数是一个集大成的回文数，此言不虚。不妨再来看两个例子

$$12345678987654321 \div 37 = 333666999666333$$

$$12345678987654321 \div 12321 = 1002003002001$$

后面一个式子更有趣，因为被除数，除数与商数没有一个不是回文数的。国际数学家大会在中国召开的 2002 年正好是个回文数年，不是很有意思吗？

还应注意到

$$12345679 = 37 \times 333667$$

而 333667 好像一个“酵母菌”，由它可以滋生出清一色数（Repunit Number），例如

$$333667 \times 3 = 1001001$$

$$\text{而 } 1001001 \times 111 = \underbrace{111111111}_{9\text{个}1}$$

人是会联想的动物，于是马上就有了压缩与推广，先讲前者，3367 无疑是这个系列中的小弟弟，我们看到

$$3367 \times 3 = 10101$$

$$\text{而 } 10101 \times 11 = \underbrace{111111}_{6\text{个}1}$$

要想得到 12 个 1 的清一色数，也是不难“立等可取”的，因为我们只要相应地采取以下操作就行

$$33336667 \times 3 = 100010001$$

$$100010001 \times 1111 = \underbrace{111111111111}_{12\text{个}1}$$

当然还可以继续做下去，直至无穷。但是西方有句著名的谚语：“女人如花朵，第一个这样说的人是天才，第二个是庸夫，第三个便是笨蛋了。”

我们必须鸣金收兵矣！

## 9.3 平分秋色

从会议或书刊上经常可以听到一种论调：初等数学（算术、代数、

三角、平面几何、立体几何）已经发展到顶了，再也不可能有什么未被发现的东西了！它已经是一口枯竭的矿井，榨不出什么油水矣。

事实果真如此吗？让我们举一个小小的例子来看看。

把$\frac{1}{7}$化成循环小数，可以得出如下的结果

$$\frac{1}{7}=0.\dot{1}4285\dot{7}$$

这也是老生常谈、众所周知的事实。

然而，再进一步就可以带来新的发现了。好比人们进入灵山古洞，前有绝壁千寻，下临万丈深渊，似已山穷水尽。却不知暗处潜伏着一个小小的洞穴，匍匐爬进去时，忽而豁然开朗，里面竟然别有一番境界。

耐人寻味的是，千百年来，它却瞒过了多少三算（笔算，珠算，心算）奇才，学界俊彦。

原来，$\frac{1}{7}$的循环节正好有6位，它是一种具有“长周期”的循环小数。一般来说，如果$\frac{1}{n}$（$n$为素数）的循环节恰有（$n-1$）位，则它必为长周期循环小数。除$\frac{1}{7}$之外，这类循环小数为数甚多，如$\frac{1}{17}$，$\frac{1}{19}$，$\frac{1}{23}$，$\frac{1}{29}$，等等，而这些分数的循环小数展开式，人们也早就算出来了。例如，在当代著名数学家约翰·康韦（John. H. Conway）的一本新著《有趣的数》（*The Book of Numbers*，美国普林斯顿大学出版社1999年版，其后多次重印，目前尚无中译本）中就有一张相当详细的表格，人们不难按图索骥，一索即得。

我在年轻时曾从一本俄文数学书《数学机敏》（Математическая Смекалка）上看到过介绍“走马灯数”的文章，其中举的例子是

$$\frac{1}{19}=0.\dot{0}5263157894736842\dot{1}$$

它的循环节长达十八位。当时我心中一闪念，突然灵机一动，自己问自己：“除了走马灯性质之外，$\frac{1}{19}$还有什么‘本质’特性同$\frac{1}{7}$类似呢?”其时我注意到在这长长的一串数字中，1，4，2，8，5，7也频频出现，

于是我替这六个数字各开一个“户头”，给它们来个“分户点数”，仿照候选人唱票时统计选票的习惯做法，用写“正”字（每个“正”字为5票）来点数，结果见表9-1。

**表 9-1**

| 1 | 4 | 2 | 8 | 5 | 7 |
|---|---|---|---|---|---|
| 丅 | 丅 | 丅 | 丅 | 丅 | 丅 |

居然是大家彼此彼此，各自出现两次，真叫我惊诧不已。原来，在$\frac{1}{19}$的小数展开式中，1，4，2，8，5，7居然也是以等频出现的。

“一不作，二不休”，我对此事始终耿耿于怀，不肯放弃。一有机会与空闲，就要继续追查这种以素数为分母的长周期循环小数$\frac{1}{p}$的奇妙性质。积累的例子越来越多，“猜想”也越来越强烈。由于实例太多，下面仅举一例。

把$\frac{1}{499}$化为循环小数时，其循环节有498位之多，统计结果如表9-2。

**表 9-2**

| 1 | 4 | 2 | 8 | 5 | 7 | |
|---|---|---|---|---|---|---|
| 正 | 正 | 正 | 正 | 正 | 正 | |
| ⋮ | ⋮ | ⋮ | ⋮ | ⋮ | ⋮ | |
| ⋮ | ⋮ | ⋮ | ⋮ | ⋮ | ⋮ | 每一纵列共十个“正”字 |
| ⋮ | ⋮ | ⋮ | ⋮ | ⋮ | ⋮ | |
| ⋮ | ⋮ | ⋮ | ⋮ | ⋮ | ⋮ | |
| 正 | 正 | 正 | 正 | 正 | 正 | |

大家“平分秋色”各打五十大板。这发现给我带来了莫大的欢乐。发现自然规律的奇妙乐趣，是任何金钱与物质享受所不能取代的！

迄今为止，尚未发现过一个反例，但也未能找到证明。曾经有人提供过几个所谓的“证明”，但经认真检查，其中都存在着不大不小的“漏洞”，因而过不了关。

这些事例，有可能是有理数的一种本质特性。国外有报道说，自从圆周率π的计算超过十亿位小数以后，有些好事之徒曾对π展开式中的1，2，3，4，5，6，7，8，9，0进行过精确统计，其结论是：上帝对它们一视同仁，并不有所偏爱。然而，在π的任何有限区间内，这十个数字都存在着不大不小的统计波动或涨落，从来没有真正的平分秋色过。当然，统计工作是非常枯燥乏味的，必须一丝不苟地进行，真要有宁坐十年冷板凳的功夫才行。

事情虽小，却是前人之所未道，它从一个侧面说明了一个真理：科学发现是无止境的，数学的发现，同物理、化学、天文、地理、生物、医学……自然科学与应用技术的发现一样，或许也是其薄如纸，一触即破的啊！

## 9.4 自然数王国里的“稀土元素”集团

你可以不相信上帝，但是你不能不相信数学。

——约翰·康韦

前段时间报纸上刊出大幅照片，说是清朝雍正年间的一只粉彩大花瓶的代价足以抵得了20幢高级别墅。听起来像是神话，只能是信不信由你了。

“明朝看成化，清代看雍正”。现代瓷器的质量虽然达不到如此高度，但更美观实用，自有其动人之处。例如，变色釉在白炽灯下呈红色，在水银灯下呈苹果绿色或天青色，在日光灯下呈浅蓝色，等等。总而言之，稀土材料大大丰富了玻璃、陶瓷艺术。稀土材料在军事上也有很高价值，例如，制造激光夜视仪、用于航天技术及核工业等。奇怪的是在我们的“千篇一律”的中学化学教科书中几乎一字不提。

早在中学读书时期，笔者就对“稀土元素”（rare earth element）产生了一种怪异的感觉。它们好像孪生兄弟一样，15个镧系稀土元素在门捷列夫的元素周期表上挤在一起，只占据一个格子，它们的原子序数从57到71，原子量从138.9到174.9，元素的名字也怪得要命，叫做镧、铈、镨、钕、钷、钐、铕、钆、铽、镝、钬、铒、铥、镱、镥，有的汉字简直根本不认识，如果不注上汉语拼音，恐怕读不出来。

无论自然界还是人类社会，“抱成一团”的现象屡见不鲜。大凡人们的心理，优、美、神、奇的东西，一两件总嫌太少，最好能成片、成堆。梅花与牡丹虽然同为“国花”的候选对象，但前者的文化积淀远为深厚得多，“梅妻鹤子”是形容隐逸之士的性行高洁的。可惜杭州孤山的梅花株数实在太少了，总是令人有“独木不成林”的感觉。神州大地上赏梅胜地极多，若论年代久远，可以上溯到唐、宋，例如，扬州瘦西湖上的“梅岭春深”景点，甚至还有晋梅和隋梅。但使人印象深刻，没世难忘的，还是以苏州远郊的“香雪海”为第一。早春时节，太湖之滨，繁花似雪，暗香浮动，微风吹过，香飘十里。据植物学家鉴定，有白梅、红梅，更有极其难得的绿梅、墨梅与美人梅等十余品种，真是“入山无处不花枝，远近高低路不知”，烂漫时节，足以令游人“咳吐皆香”(图 9-2)。

图 9-2

以上所说，并非不相干的闲文。希腊大哲学家毕达哥拉斯说：“万物皆数也。”另一位哲学家普鲁克勒司（Proclus）则说：“哪里有数，哪里就有美。”真、善、美总是三位一体的，它们永远结伴同行。我们提倡精神文明，其实质正在于此。

人们研究自然数，难道没有几千年乃至上万年的历史吗？事实上，也确实发现过一些不平凡的数，譬如说，$55^2=3025$，把它一分为二，将 30 与 25 相加起来，$30+25=55$，正好就是底数。但这种怪事仅仅是孤零零的个别现象，只是偶尔出现，稍纵即逝。

印度人的本事不小，他们总是能在“山重水复疑无路”的地方，开创出“柳暗花明又一村”的新境界。也许是由于佛教禅宗精神的“电火花”触发，他们具有一种非常规思考的“创新”精神，于是就能在大家都认为早已枯竭的油井里重新榨出油来。有位华裔学者李先生，曾以《奇妙的平方数》为题，用“时光机器”（time machine），“回到未来”（back to the future）等耸人听闻的手法，报道了印度青年数学家乔德哈里（J. V. Chaudhari）和狄希潘特（M. N. Deshpande）的发现：

从956到968，首尾合计，一共有13个三位数。这些数在各自平方之后，都成了六位数。如果把它们前三、后三截成前后两段，再分别相加起来，其和竟然又是一连串的平方数。请看下面的结果

$$956^2=913936,\quad 913+936=1849,\quad 1849=43^2$$

$$957^2=915849,\quad 915+849=1764,\quad 1764=42^2$$

$$958^2=917764,\quad 917+764=1681,\quad 1681=41^2$$

$$959^2=919681,\quad 919+681=1600,\quad 1600=40^2$$

$$960^2=921600,\quad 921+600=1521,\quad 1521=39^2$$

……

$$967^2=935089,\quad 935+89=1024,\quad 1024=32^2$$

$$968^2=937024,\quad 937+24=961,\quad 961=31^2$$

最奇妙不过的是，左面的平方数底数956至968是单调递增的，然而经过“一分为二”的变换以后，右面的底数43到31却变成单调递减了。

“十三太保”闹腾印度的故事，足以使内行和外行人都刮目相看，好比冬夜的星空，一等亮星都集聚在猎户星座的“腰带”附近。何以被人们研究了几千年的自然数领域中还有如此之多的漏网大鱼逃脱了圣贤豪杰们的锐利眼睛？真是咄咄怪事。

我们知道，印度人是一个非常喜爱数学的民族，现在阿拉伯数字里的“0”其实也是由印度人发明的。他们对自然数的钟情由来已久。在唐朝的三藏法师玄奘到“西天”（即“天竺”，也就是现在的印度）取经之前，佛经里就已经有一些巨大无比的数目字“恒河沙”、“那由他”、“阿僧祇”、“不可思议”等，乃至于“无穷大”与“无穷小”的概念。在近代，得到数论大师哈代（Hardy）衣钵真传的门人，并不是他的本国籍人，而是来自远方、出身卑微的印度学生拉马努金，其人终生吃

素，逝世时年纪不大，但他给世人留下一笔异常丰厚的数学遗产，世人要完全读懂与消化他的遗稿，恐怕需要几个世纪的时光。以上这些都已经是 20 世纪数学史上名扬四海的逸事了。

不过，李先生仅仅是“述而不作”，他自己并没有更上一层楼，发现新材料，或者揭露出某些规律。如果听任这些奇妙现象自生自灭，那就未免太遗憾了。

于是笔者进行了一番系统搜索工作。按照数学教育家波利亚（G. Pólya）的教导，欲擒故纵，笔者先是走下“一层楼”，给自己出了一个较简单的题目：“13 太保大闹印度，令人拍手叫好。印度人不信邪，没有数字迷信，从西方人一贯认为不吉利的‘13’中找到了令人心悦诚服的芳香玫瑰。不过，它们来得太突然了，颇有一点‘帽子戏法’的味道。凡事总有个源头的，那么，两位数中是不是也存在着这种现象呢?”

真是“踏破铁鞋无觅处”，此时笔者灵机一动，突然想起了数学科普大师马丁·伽德纳先生在《不可思议的矩阵博士》（*The Incredible Dr. Matrix*）一书中提到的怪异的四位数 7744，用它来解剖麻雀，也来个如法炮制。$77+44=121$，而 $121=11^2$，果然找到了突破口，而 7744 正就是 88 的平方数。

好得很！这下子打蛇打在“七寸”上，于是笔者乘胜追击，果然功夫没有白费，一举找到了五个合乎要求的两位数：86 到 90，其中 88 正好处于中间，也就是概率统计学中所说的“中位数”。请看

$$86^2=7396,\quad 73+96=169,\quad 169=13^2$$
$$87^2=7569,\quad 75+69=144,\quad 144=12^2$$
$$88^2=7744,\quad 77+44=121,\quad 121=11^2$$
$$89^2=7921,\quad 79+21=100,\quad 100^2=10^2$$
$$90^2=8100,\quad 81+0=81,\quad 81=9^2$$

初战告捷使笔者信心倍增，于是掷笔长叹：笔者终于敢同印度人（众所周知，在信息高科技与软件工程方面，他们目前已稳居世界之前列）叫板，在奇妙的自然数单子上再增添一些新东西了。

接下来的工作是跟踪追击，从“下楼”改为“上楼”，终于大获全胜，硕果累累，非常令人鼓舞。仅以四位数而言，笔者就发现了一个“星团”，其成员竟有 42 个之多，首数为 9859，尾数为 9900。真像是捅

了一个大大的马蜂窝。而这是中外文献中从未提到过的。科学的真正精神在于实验、辨伪与求证。

也许你不相信，笔者所使用的道具简单之至，只是任何文具店里都可以买得到的廉价计算器！这种计算器的功能有限，只能准确到10位有效数字。“宜将剩勇追穷寇，不可沽名学霸王”，于是笔者继续搜索到了更大的集团，其首尾竟达131个之多。对袖珍计算器来说，已经是淋漓尽致——发挥到了极点，充分地利用了。为了节省篇幅，下面只提出极少量的样本数据

$99681^2=9936301761$， 两段之和 $101124=318^2$

$99673^2=9934706929$， 两段之和 $106276=326^2$

$99564^2=9912990096$， 两段之和 $189225=435^2$…

事情已经解决到这样的地步，是否可以认为功德圆满，应该鸣金收兵了？不，且慢！我们还是想到了那位大师波利亚的名言：“吃到了树上的禁果之后，还应该好好地寻找一下，地下有没有足以使你大开胃口的野蘑菇?”

让我们回过头来，再深入考察两位数中的“一分为二”怪现象。之所以选择它们，是因为它们数字较小，不占篇幅，而且只有五个，好像是右手的五只手指。如前所述，它们的作用范围相当狭窄，限制在86到90的一个小区间内，小于86或者大于90，“一分为二”的奇妙现象便顿然消失，方法就不灵了。

譬如说，$85^2=7225$，然而 $72+25=97$ 根本不是平方数；$91^2=8281$，而 $82+81=163$ 也绝不是平方数。犹似神仙犯了错误，受到玉皇大帝的处分，削职为民，降为凡夫俗子了。

笔者的脑子里忽然生发出一种怪异的念头，也可以说是“灵感”吧。会不会这一切都是十进位记数制本身的缺陷，是它所带来的罪过呢?

$85^2=7225$，为什么不可以把它看成为 $7100+125$ 呢？这一来，前半段取71（念作71个100），而后半段放宽标准，取为125，此时 $71+125=196$，不仍然是14的平方吗?

至于 $91^2=8281$，同样可以用仙家的“有色眼镜”看问题，把它视为 $8300+(-19)$，然后把前半段视为83，后半段视为 $-19$，再进行两段的相加，求出其代数和为 $83+(-19)=64$，它不仍然是8的平

方吗？

我们的十进位数是否必须视为各部分都应该是正数呢？可不可以像《封神演义》中的妲己，一半是人，一半是狐狸精呢？

显然这是前人从未想到过的神奇想法，被掩盖了千万年的隐性规律终于被笔者揭露，虽然有一点牵强附会，但亦可自圆其说。就像是黎曼几何与罗巴切夫斯基几何一样，它们在逻辑上是健全的、完美的、相容的、无矛盾的，并不比欧氏几何有所逊色。

当然，以上所说绝不限于底数为两位数的情况，而是"放诸四海，万试万灵"。试以下面的三位数序列为例

$956^2=913\mid 936$　　　　$957^2=915\mid 849$

$958^2=917\mid 764$　　　　$959^2=919\mid 681$

（为了说明方便起见，在中间插入一个短竖记号｜，以作为前半部与后半部的分野。）

请注意，前半部是一个递增的等差数列，其公差 $d=2$，而后半部则是一个递减的二阶等差数列，其二阶公差 $d'=-2$。

由于游戏规则已经改变，变得面目全非，从而使大多数人"有眼不识泰山"了。但是既然找到了数列与公差的演变规律，就可以轻而易举，易如反掌，随心所欲地找到更上面的六位、七位、八位……乃至任意多位的巨大"集团"，并在最后形成了笔者的一个猜想：

$n$ 位数的平方数中，必然存在着底数为一系列连续自然数的"奇异集团"，使其前后两段对应数字之和是另一列连续自然数的完全平方。随着 $n$ 趋向无穷大，集团的成员数也将趋向无穷大。

人们研究行列式，最先是由于解线性方程组的需要，从二阶与三阶行列式开始。由于战果辉煌，然后才定义了 $n$ 阶行列式，并且追溯到一阶行列式。这桩史实启发了笔者，自然要说一说上述"稀土集团"的源头。原来，"源头"只有一个，即 $6^2=36$，$3+6=9$，而 $9=3^2$，由此涓滴之水终于发展成为滔滔不绝的长江大河了。

此文已经写得不短，但是夕阳在山，犹有余晖。笔者想引用我国著名数学教育家、华东师范大学教授张奠宙先生在其皇皇巨著《20 世纪数学经纬》中所说的一段意味深长的话作为结束语：

"令人担忧的是中国的数学教育，中学生负担之重，数学想象几乎

被题海淹没，无暇看课外数学书，无从吸取新鲜的数学思想。教学方法也是以记忆题型为目标，以形式上的严谨为准绳。把生机勃勃的数学思想阉割得支离破碎，面目死板。许多数学教育界人士则片面追求升学率。‘万丈高楼，平地起’，只有从中、小学起就培养学生数学创造意识，中国才能真正成为21世纪的数学大国。”（引自《20世纪数学经纬》，425～426）

## 9.5　在有理数与无理数之间架起一座“天桥”

平方数有许多奇怪和美妙的性质，在数学的后花园里作了一番巡礼之后许多人就会欣然同意希腊哲学家普鲁克勒斯（Proclus）的看法：“哪里有数，哪里就有美！”

上一节提到的印度数学家的发现令人们大大地吃了一惊，因为自然数被研究了几千年，居然还有这样的“漏网之鱼”被当代人抓住。此外，使人大惑不解的是：这个发现纯粹是巧合呢，还是在数学理论上有更深刻的缘由？

看来，写这篇原始报道的这位学者尽管是国际上著名的数学史专家，在法国布尔巴基（Bourbaki）学派的几位首脑人物指导下工作过多年，但自己并不具有攻坚能力，连写文章也是相当粗心大意的。譬如说，他竟忽视了一个极为重要的关键之点：变换前后的两种自然数之和等于一个常数，例如

$$956+43=999,\quad 957+42=999$$

$$\cdots\cdots$$

$$967+32=999,\quad 968+31=999$$

另外，他也不敢肯定是否还有别的**相同长度**的连续自然数组存在，这些都是相当大的缺陷，为人们留下了悬念。

后来，美国俄亥俄州的数学家欧文·托马斯（Owen Thomas）也研究了类似问题，并得到了进一步的结果，扩展到了四位数。

本书作者是从香港的一位业余数学家兼音乐家黄志华先生的一本赠书中知晓这件事的，随即对此萌生了极大的兴趣，并且很不服气，不能让印度人和美国人着了我们的先鞭，于是奋起研究，并进而彻底地解决了这个悬而未决的难题。全文已在上海教育出版社的《小学数学教师》

2004年10月号上发表，在9.4节中也已引用，读者们可以纵横对比，以便“大彻大悟”，曲尽其妙。

犹如行列式可以追溯到一阶行列式那样，本书作者不仅做到了“探底”（具备此类性质的最小自然数仅有一个6，$6^2=36$，$3+6=9$，而$9=3^2$，而且变换前后的两个底数之和等于一个常数，即$6+3=9$），通过电子计算机找到了长达数十位的连续自然数组，而且还揭露了这类数组的“显”规律与“潜”规律。

不过，本书作者所用的办法是高阶等差数列与差分法。而下文介绍的却是“明心见性”、通明透彻的手段。好有一比：前者需要累世修炼，累积善功，而后者却是“放下屠刀，立地成佛”的。所以本书作者决心向马丁·伽德纳先生学习，乐于介绍别人的成就。其实，当年李太白的识拔郭子仪、熊庆来的赏识华罗庚，乃至英国哈代的垂青拉马努金，其道理是完全一样的。

发现这个神妙方法的人名叫俞润汝，上海浦东南汇人，生于1934年2月，他是中国医科大学1956年的毕业生，可惜在医学上并未充分发挥他的才干，而且身世比较坎坷，言之令人扼腕。俞先生自称，他的数学程度只有高中一年级，并未学过微积分，但他却具有极厉害的数学攻坚能力、敏锐的观察力与洞察力，完全符合伽德纳所认定的高素质数学研究人才的标准。如果他再年轻一些，能够跟从一位像剑桥大学哈代那样的名师，则安知世上不会又出一个拉马努金？

乔德哈里-狄希潘特（以下简称乔狄数组）所发现的奇妙连续自然数的平方，分析时应分成奇、偶数两种情况，而偶数的情况正是其“软肋”，比较容易突破。

两位数的乔狄数组共有5个：86，87，88，89，90，而四位数却一举跃升到42个之多，从9859到9900为止，明眼人不难看出，数组所在的区间，其右端点是很“类似”的，一个是90，另一个是9900，其中存在着若明若暗的联系。

这就强烈地向我们暗示，如果把乔狄数组推及6位，其右端点很可能便是999000，这个猜想对不对呢？现在，计算器唾手可得，花十几元钱到小菜场旁边的摊头上买一个来，马上就可算出

$999000^2=998001000000$，　$998001+000000=998001$

而998001正好就是999的平方。

变换前后的两个底数之和$=999999$，也正如所料。

右端点的问题容易解决，下面来看左端点，我们手里头拥有的数据不多，利用“外推法”猜出规律实在是很不简单，由于俞润汝先生以前的先行者们都没有这种“悟性”，所以都只能半途而废了。

目光如电、洞察力极度高超的俞润汝先生，“若有神助”似的猜到了左端点外面的一系列常数，其实就是$10^2$，$10^4$，$10^6$，$10^8$，$10^{10}$，…（一般形式为$10^{2n}$），而它们与乔狄数组的左端点86，9859之差乃是

$$100-86=14$$

$$10000-9859=141$$

……

这使他马上想起了无理数$\sqrt{2}$的近似值，在康韦先生的书里，这个常用的无理数已被计算到了200位小数，现在不需要如此正确的近似值，为了说明问题取前面几位已绝对够用了

$$\sqrt{2}\approx1.414213562$$

由此可以猜想，六位数的乔狄数组，极有可能从

$$10^6-1414=998586$$

开始，而终止于999000，这个猜想究竟对不对呢？我们自然可以用笔或计算器来验证一下

$$998586^2=997173999396$$

$$997173+999396=1996569$$

而$\sqrt{1996569}=1413$

为了节省篇幅，以后继续推广到更多位数的工作就不必一一细表了。

初战告捷，现在可以乘胜追击，继续研究乔狄数组的奇数情况，受到上文的强烈暗示，已经可以猜想，在左端点外面施加强烈影响的一系列常数，可能是$10^1$，$10^3$，$10^5$，$10^7$，$10^9$等，而我们手头现已掌握的乔狄数组则为一位的6，以及三位的956到968，显然$10-6=4$；而

$$1000-956=44$$

这一来就又牵出来一个无理数$\sqrt{20}$了，请看

$$\sqrt{20}\approx 4.472135955\cdots$$

最后，可以进一步“顺水推舟”地推出躲在幕后的第三个无理数

$$\sqrt{10}\approx 3.162277\cdots$$

从而得以造出一张“一目了然”的乔狄数组“一览表”来（奇数的情况见表 9-3，偶数的情况见表 9-4）。

据笔者所知，俞润汝并不知晓 20 世纪大数学家兼数学教育家波利亚（G. Pólya）的经典著作以及联想类比等方法，而是完全自出心裁地解决这一重大难题的。

此法无异在无理数与有理数之间架起了一座“天桥”，真是

一桥飞架南北，天堑变通途

可谓神矣！

**表 9-3**

| 位数 | 区间外面左方潜在影响数 | 左端点 | 差数 |
|---|---|---|---|
| 1 | 10 | 6 | 4 |
| 3 | 1000 | 956 | 44 |
| 5 | 100000 | 99553 | 447 |
| 7 | 10000000 | 9995528 | 4472 |
| 9 | 1000000000 | 999955279 | 44721 |

（差数完全反映了$\sqrt{20}$的近似值）

| 位数 | 区间外面右方潜在影响数 | 右端点 | 差数 |
|---|---|---|---|
| 1 | 9 | 6 | 3 |
| 3 | 999 | 968 | 31 |
| 5 | 99999 | 99683 | 316 |
| 7 | 9999999 | 9996837 | 3162 |
| 9 | 999999999 | 999968377 | 31622 |

（差数完全吻合$\sqrt{10}\approx 3.162277\cdots$的情况）

表 9-4

| 位数 | 左潜在影响数 | 左端点 | 差数 | 右端点 | |
|---|---|---|---|---|---|
| 2 | 100 | 86 | 14 | 90 | 右潜在 |
| 4 | 10000 | 9859 | 141 | 9900 | 影响数 |
| 6 | 1000000 | 998586 | 1414 | 999000 | 无关紧 |
| 8 | 100000000 | 99985858 | 14142 | 99990000 | 要可以 |
| 10 | 10000000000 | 9999858579 | 141421 | 9999900000 | 省略 |

（差数完全吻合$\sqrt{2}$的近似值）

有了这种灵感思维之后，写出代数证法，那不过是例行公事式的事后加工而已。

可惜天不假年，俞润汝先生已在几年前逝世了，他终生未婚，没有后嗣，如此优秀的遗传基因竟然白白浪费了。

## 9.6 水仙花数

水仙花在中国称为“凌波仙子”，又名姚女花，历来被认为是清丽绝俗的花魂化身。清代大诗人龚定庵曾写过一首缠绵悱恻的诗《梦中述愿作》，诗云：

湖西一曲坠明珰，猎猎纱裙荷叶香。
乞貌风鬟陪我坐，他生来作水仙王。

诗人愿意作水仙王庙里的神祇而给她塑一个像永远陪伴着自己。这首诗写了一个梦境，但是它却一直萦回在定庵的心头，终生未能割断这一缕情丝。

英文的 narcissus（水仙花）一字，本来是希腊古代一个美男子的名字。据神话记载，那西沙士（又可译为那珞琉斯，至今译名未能统一，现采用近代大作家梁羽生先生所定的译名）临流自照，为自己美丽的容貌而迷惑，恍惚他自己的影子变成了美丽的仙女。那西沙士从此如痴如醉，日夜守在池边，不思饮食睡眠，终至于死。奥林匹斯山上的众神把他变成了水仙花，就以他的名字作了花名。

心理学上有一个名词，叫做“水仙花情结”，其意思便是“自恋狂”。总而言之，说来说去，归根结底在于钟爱自己。从这层意思出发，我们可以来看下面几个三位数

$$1^3+5^3+3^3=1+125+27=153$$
$$3^3+7^3+0^3=27+343+0=370$$
$$3^3+7^3+1^3=27+343+1=371$$
$$4^3+0^3+7^3=64+0+343=407$$

从而一些好事之徒，就把 153，370，371，407 戏称为“水仙花数”。

美国数学科普大师马丁·伽德纳先生到新新监狱里去探望正在服刑的矩阵博士。伽德纳先生看到他穿着整洁的囚衣，正在牢房里的一个角落晒太阳，好一副得意洋洋的样子。“我的囚衣号码很有意思，”博士说，“它是一个五位数 54748，如果把它的各个数字的 5 次方加起来，你将看到

$$5^5+4^5+7^5+4^5+8^5=3125+1024+16807+1024+32768$$

其和也正好是原数 54748，我想，这对我来说，无疑是大吉大利的好兆头。”

伽德纳指出，凡是等于其各位数字 $k$ 次方之和的 $n$ 位整数，叫做 PDI 数，即“完全数字不变数”（perfect digital invariant），这个术语是由拉姆奈（Max Rumney）创造的，如果进一步有 $n=k$，则称为 PPDI 数，即“超完全数字不变数”（pluperfect digital invariant），通俗地说，就是“自恋数”或“水仙花数”。

PPDI 的个数肯定是有限的，这一事实由伯纳德首先证明。他注意到：一个 $n$ 位数的各位数字的 $n$ 次方之和不能超过 $n\cdot 9^n$。当 $n=61$ 时，$61\cdot 9^{61}$ 必将小于 $10^{60}$，从而证明了 60 位以上的 PPDI 数不可能存在。后来，施瓦茨和纳尔逊又先后改进了伯纳德的结果，把上界进一步降低到 58。

对于一个十进制的 $n$ 位数 $\overline{b_{n-1}b_{n-2}\cdots b_1b_0}$，如果它是水仙花数的话，必须满足两个条件

(1) $\overline{b_{n-1}b_{n-2}\cdots b_1b_0}=\sum\limits_{i=0}^{n-1}b_i^n$。

(2) $9\geqslant b_{n-1}>0$，$9\geqslant b_i\geqslant 0$ $(n-2\geqslant i\geqslant 0)$。

搜索水仙花数并不容易，这个问题的世界纪录以前一直由美国数学家纳尔逊（Harry L. Nelson）所保持，由于在问题求解思路上的限制，

这一问题长期停滞不前，一直没有取得进展，最大的 10 次方数只有一个 4679307774。

十几年以前传来了好消息，中国长沙国防科技大学计算机学院的刘江宁先生采用了一种全新的问题求解方法，将它转换为一类不定方程解的枚举。通过解集结构的处理，并采用了最大值次数限定原则，终于一举找到了全部的水仙花数。

刘先生在私人通信中简要地介绍了他的三点主要构思：

**思路 1** 从 $\overline{b_{n-1}b_{n-2}\cdots b_1b_0}=\sum\limits_{i=0}^{n-1}b_i^n$ 的右边考虑问题更为简单。一般的思维习惯总是从此式的左边着手进行搜索求解，实际上这一思维定式是错误的。

**思路 2** 为简化计算，寻求方程

$$x_{r-1}+x_{r-2}+\cdots+x_1+x_0=n$$

解集的快速构造方法，使得从一个可能解到下一个可能解过渡时计算量尽可能小。实际上，刘先生做到了在过渡时，仅在一对元素上不同，这就使得 $\sum\limits_{i=0}^{r-1}x_i i^n$ 的计算变得非常容易。

**思路 3** 当 $n$ 很大时，9 将大量出现。为此，刘先生提出了最大值次数限定策略，从而可以便利地处理 $n$ 较大的情况。例如，当 $n=60$ 时，他证明了 9 至少出现 56 次，从而使问题的规模急剧降低。

根据上述思路，刘先生编制了相应的计算机程序，终于彻底解决了十进制中的 PPDI 数（即水仙花数）的寻求问题。机上运行时间为 18 小时，一共发现了 88 个水仙花数，最大的一对是 39 位数。

## 9.7 大师的故事有了续篇

对数学来说，拉马努金是一块无与伦比的宝石……正如莫扎特之于音乐，爱因斯坦之于物理。

斯立尼瓦萨·拉马努金（Srinivasa Ramanujan，1887～1920）被认为是印度的国宝，20 世纪最伟大的数学家之一，印度政府为了纪念他诞生 75 周年，曾在 1962 年 12 月 22 日专门发行了一张纪念邮票（图 9-3）。

拉马努金生于印度南部的一个贫苦之家，靠自学与刻苦钻研，硕果累累而受到英国数学家哈代（Hardy，1877～1947）的赏识与培养，成

图 9-3

为蜚声国际数学界的名人，可惜天不假年，只在世上活了短短 33 年。

下列故事由于到处传抄与引用，几乎已变得尽人皆知了。

有一天，拉马努金的恩师哈代到疗养所里去看望他，在伦敦乘坐了车号为 1729 的出租汽车。哈代对之颇不乐意，走进拉马努金的房间时，后者正躺在床上休息。哈代连招呼也没有来得及打，就脱口而出，发泄他对这个数字的不满。哈代说："这是一个毫无意义的数，"然后又加上一句，"我希望它不是一个恶兆。"

"不，不对，"病人在床上回答，"1729 是一个非常有意思的数，在一切可以用两种不同方式表为两个立方之和的数中，它是最小的一个。"

随便找一个可表为两数立方之和的数目是相当容易的，譬如说，$2^3+3^3=35$，但 35 还能表示为另外两个立方数之和吗？不行，办不到。然而 1729 既等于 $12^3+1^3$，也等于 $10^3+9^3$；比 1729 小的一切其他数统统都不行，它是"破天荒"第一个。

大师的故事到此结束，对于 1729 这个自然数，人们所知晓的性质仅此而已，以后就没有"下文"了。如果去问别的权威学者，他们也只是连连摇头，回答一声"无可奉告"。

自从彻底解决了乔—狄数组以后，我一直不肯收兵，企图解决前人从未涉足过的"三部分裂"问题。中国人历来都是平方与立方并称，甚至在汉字中都有着一些由三个完全相同的零件所组成的字，例如，鑫、森、淼、焱、垚、晶、姦、卉，乃至数学符号的"∵"与"∴"，可见“立方”确实是深入到人们的骨髓与血液中去了。

“三部分裂”现象其实非常简单，可惜后来人们放弃追索，不肯继续去想了。先从一位数说起，请注意到与众不同的 5 与 8，看看它们的立方数

$$5^3=125,\quad 1+2+5=8,\quad 而\ 8=2^3$$

$$8^3=512,\quad 5+1+2=8,\quad 而\ 8=2^3$$

原来，把立方数“一分为三”求和之后，居然是另外一个数的立方，它不就是乔—狄数组从 2 次方到 3 次方的推广吗？

经过一番苦苦搜索，总算在二位数中又擒获了仅有的两对，它们是：37，38；70，71；请看

$$37^3=50653,\quad 5+6+53=64=4^3$$

$$38^3=54872,\quad 5+48+72=125=5^3$$

$$70^3=343000,\quad 34+30+00=64=4^3$$

$$71^3=357911,\quad 35+79+11=125=5^3$$

它们只能说是“斑点”，而且甚至有雷同，组织不起“梯队”，从而同乔—狄数组大异其趣。无情的事实告诉我们：从后者那里肯定丝毫得不到任何借鉴与奥援，必须完全另起炉灶。

在三位数中的搜寻自然更加困难了，我常用易安居士李清照的词“寻寻觅觅，冷冷清清，凄凄惨惨戚戚”来安慰和调侃自己。犹似大海捞针，从何处下手呢？

我于是想起了波利亚的教导：发现新定理、新规律，离不开三件法宝：**类比、联想与似然推理**（plausible reasoning），而猜想则很可能是有益的起步。

我们把立方数一分为三，分别称为前段、中段与后段，从找到的两个特殊立方数来看：

$70^3=343000$，底数 70 与前段 34 之差等于 36，

$71^3=357911$，底数 71 与前段 35 之差也是 36，

这是“偶合”吗？看来确实如此，因为下面一个 72 的立方数

$$72^3=373248,\ 37+32+48=117$$

就面目全非，完全不对头了。当然世上大多数凡夫俗子都是这样想的。

肉眼看不出问题，“慧眼”却能洞察一切，看来我们是受十进位的

蒙蔽，中段应该是 132，而不是 32，前段应是 36，而非 37，这样一来，36＋132＋48＝216，而 216 可以视为 6 的立方了。于是底数 72 与前段 36 之差数仍然保持着 36 不变。

这样的看法究竟有没有道理呢？我们不妨再来察看下一个立方数：$73^3=389017$，我们对前、中、后三段都进行了修改，前段 37，中段 189，后段 117，而 37＋189＋117＝343，仍旧是一个立方数。

不难看出，后段 00，11，48，117，…是个三阶等差数列；中段 30，79，132，189，…是个二阶等差数列；而前段 34，35，36，37，…当然是个一阶，即普通等差数列了。

揭露出这样一个“潜规律”，当然值得浮一大白，从而得以提出一个猜想：在三位数的情况下，底数与前段之差似乎应为 216（两位数的情况是 36，即 $6^2$，于是猜想三位数的情况是 216，即 $6^3$，这就是“似然推理”）。

好吧，让我们用这个虚拟的指标来着手进行搜索，利用计算器，我们立即得出：

$855^3=625026375$，855－625＝230，差数偏大了，

$861^3=638277381$，861－638＝223，接近目标了，但仍嫌大了一点，

$866^3=649461896$，866－649＝217，只有一步之差了！

下一个 867 的立方，果然一试而灵！

$$867^3=651714363,\quad 651+714+363=1728$$

“凡事起头难”，我们在三位数中，终于找到了一个突破口，从而使潜规律露出水面，变为显规律，凡夫俗子们是不承认前者的，但对于后者，只能是“哑口无言”，不敢道出一个“不”字！

再下一步的进展是，我又发现了一个预备定理（也叫“引理”）：凡是由三元轮转所构成的立方数，其三段和必定相等或者是其“化身数”（有点像物理学中的“同位素”，化学里头的“同分异构体”，以前数学里没有相应的叫法，笔者只好杜撰一个名词了）。例如，构成不同三位数的三元轮换（图 9-4）

$$168^3=4741632,\quad 4+741+632=1377$$

$$681^3=315821241,\quad 315+821+241=1377$$

$$816^3=543338496,\quad 543+338+496=1377$$

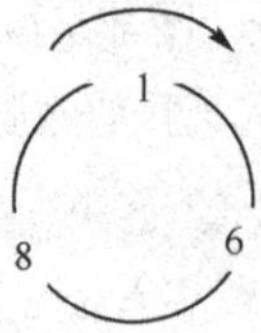


图 9-4

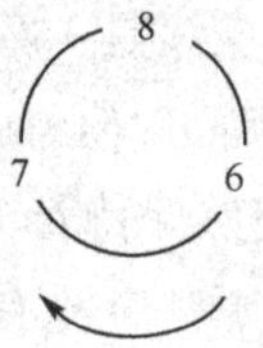


图 9-5

有了这个引理，在它的指引下，遵循三元顺时针轮换图（图 9-5），轻而易举地找到了

$$678^3=311665752,\quad 311+665+752=1728=12^3$$
$$786^3=485587656,\quad 485+587+656=1728=12^3$$

剩下来的工作就是一个乘胜追击，扩大战果的问题了。本问题共有 123，234，345，456，567，678，789 及其相应三元轮换的解，这里值得特别提一下的是 012 这个解，尽管从严格意义上来说 012 不算是一个真正的三位数，但由它轮转而衍生的 120 与 201 都是符合条件的，所以我们不应排斥 012（犹似以 0 打头的邮政编码也算 6 位标准编码一样），这样一来，我们总共找到了 24 个三位数*，总算是大获全胜了。

令人惊讶的是，它们的立方数，裂解成三部分之后，其和只有两个：不是 729，就是 1728，真是令人大跌眼镜，几乎不敢相信了。这同平方的情况简直不可同日而语。

请看，现在我已经从另外一个完全不同的角度，推算出了拉马努金大师的两个特征数 729 与 1728，而且进一步阐明，1728 其实就是 729 的“化身数”（把最前面的 1 加到尾巴上去，1＋728＝729），从而续写了大师的故事。自然数究竟应该从 0 开始还是从 1 开始？现在全世界的数学界并无一致看法，也不可能作出硬性规定。但我个人偏爱前一说法，即把 0 也看作自然数。中国古代的老子与佛家的经典都是持这种看法的，所谓“色即是空，空即是色”也。

科学家的特殊在于他们具有对自然敏锐的观察力和执著的好奇心。在他们眼里，科学神秘美丽，充满诱惑，值得为其献身。法拉第测到电

---

* 在三位数中那种后面两个都是 0 的数，如 500，600，700 等，实在太浅易了，这类解称为平凡解（trivial solution），我们事先约定，它们应排除在外。

能生磁时，他像一个孩子一样狂跳起来，随后便以极大的热情投入到它的逆命题——磁生电的实验之中，终于在9年之后获得了成功。我从两部分裂的研究进到三部分裂的探索，起先根本没有想到两者竟会有如此截然的不同，后者是散点式分布的，犹如夜空中闪烁的星星。也许英国的牛顿是说对了，他认为，人生唯一的乐趣是探索自然规律。他不无自嘲地说："自然科学是一个胡搅蛮缠的婆娘"，自己被她缠上了，也就根本无暇他顾。

# 10 大数学·大文化·万物皆数也

## 10.1 名人的生日

9是一个具有很多神秘性质的数。在我们常用的十进位制中，它是“老大哥”。不过“祸福无门，唯人自招”，太平天国的东王杨秀清已经被封为“九千岁”，与万岁只有一步之差了，结果却引来了杀身之祸。“天京事变”大大地削弱了军事实力，为太平天国的最后覆亡埋下了祸根，这是历史的殷鉴。

明朝太监魏忠贤也被封为“九千岁”，结果也没有好下场，被崇祯皇帝所诛杀。

据说，9是隐藏在每个著名人物生日中的，今以美国第一任大总统华盛顿为例。他出生在1732年2月22日。这些数字按照美国的习惯可写成一个数2221732（先写月份，其次是日期，最后是年份）。现在把这个七位数中数字的次序重新排列一下，就可以构成各个不同的数。如果任意取两个这样的数，用较大的数减去较小的数，并把所得之差中的各个数字加起来……如此反复进行，直至其和为个位数而止。那么，这个个位数就是9。

如果用约翰·肯尼迪或者任何一个著名的男人或女人的生日来作上述计算，最后都可得到9。那么，为什么名人的生日和9总有着神秘的关系呢？

当然，这不过是欺人之谈，上述结论对任何人都是成立的。现在让我们拿一个出生于2005年3月29日的“少年”为例，先取一个数3292005，然后把此数颠倒过来，得出5002923，接着求两者之差

$$5002923-3292005=1710918$$

把这个七位数的各个数字加起来

$$1+7+1+0+9+1+8=27$$

再把 2 和 7 加起来，就得到 9 了。

让我们略加解释，最后所得的个位数称为当初那个大数的“数字根”(digital root)。对任何一个大数 $N$ 来说，不管这个大数内部的各个数字的顺序如何排列，数字根总是不变的。

当然，在其他进位制下，“老大哥”就未必再是 9，“数字根”的宝座，也该让位了！请看

5002923……数字根是 3

3292005……数字根也是 3

相减以后，数字根互相抵消，差数必为 9 的倍数，所以如果把差的各位数字相加之后，照上面的计算方法，最后结果一定是 9，这是十拿十稳的！

## 10.2 数学——美丽的科学

2002 年 10 月，笔者有幸参加了国际知名学者、浙江大学教授沈致远先生在沪召开的读者见面会，议题为“科学是美丽的”，盛况空前，提问者非常踊跃。会后，再联想到 8 月下旬国际数学家大会的一些见闻，情不自禁，就写下了此文。

美国加州大学数学博士，现任以色列海法大学教授的乔纳森·戈兰先生是来华参加大会的一位饱学之士，他著作等身，在抽象数学方面卓有建树，见解精辟，目光如炬。

戈兰先生认为数学是极其美丽的科学。美的精髓在于它是普遍真理，无往而不在。他的话很幽默而深刻。他说，在各民族不同的文化中，造物主可以是龙、可以是猿，希腊神话中的天神宙斯，《圣经》里头的耶和华，也可以是捏土为人的女娲。在不同的文化中，音乐和文学有不同的风格，酒有不同的滋味，但只有数学才是全人类真正的共同语言，不仅是人，甚至是银河系的“外星人”(超级智能生物)的通用语言。这使笔者猛然回忆起华罗庚先生以前曾经公开发表的文章，为什么总是“英雄所见略同”呢！

诺贝尔奖获得者、大科学家李政道博士曾经说过：“科学与艺术的

关系如同一个硬币的两面”。真与美实乃一体，科学与艺术两者之间本来并没有鸿沟，只是人们的认识把它们分开了。科学立足于严密的逻辑推导、扎实的实验论证，艺术则跳动着自由的想象，澎湃着生命的激情，回响着心灵的呼唤，科学与艺术的结合必然能在一系列的交融与碰撞中极大地激发起人们的灵感和创造能力。

难怪有人会说，爱因斯坦与毕加索，喝的是同源之水。数学不仅仅是数字，它更是艺术。时至今日，简单的数值计算，已经可以交给计算机去做，它们完全能够胜任有余。但是，算式中所内含的“美”，那还是只能由号称“万物之灵”的人类去挖掘、发现与欣赏。

数学家不靠磨嘴皮，不能满足于单纯的说教。让我们来看如图 10-1 的实例吧。

| | |
|---|---|
| 8888 | 77777 |
| × 3333 | × 66666 |
| 24 | 7 |
| 2424 | 777 |
| 242424 | 77777 |
| 24242424 | 7777777 |
| 242424 | 777777777 |
| 2424 | 864180247 |
| 24 | × 6 |
| 29623704 | 5185081482 |
| 菱形 | 宝塔形 |

图 10-1

有人会说，所举例子很精彩，很动人，可惜太个别、太特殊化，不是一种普遍而有效的办法。

对此，笔者的看法是：美的东西总是比较稀少的，所谓百中挑一乃至万中选一。

岂能因其稀少而加以排斥？

## 10.3 石匠密码

一部电影里有这样一个镜头：两个素昧平生的人，由于说了一句“三八二十一”而变得亲如手足起来。人们对此感到莫名其妙，疑惑不解。三乘八等于二十四，小学生都知道，怎么会变成二十一呢？

其实，他们并不是在做乘法，而是一种联络信号。原来这两个人是从前反清复明的秘密结社“洪门”的信徒，所用的乃是一种拆字法。把“洪”这个汉字拆开来，不就是“三”“卄”“一”“八”这四个部件吗？要补充一句：此事同太平天国的领导人、“天王”洪秀全无关。

不过，作为联络用密语来说，这种拆字法是比较幼稚的，不但容易被人假冒，为官府破获，而且也无法表达复杂的内容。相信他们内部必有更复杂的、成套的联络信号。

无独有偶，欧洲中世纪也有各种地下秘密结社。其中，阿尔卑斯山区的石工，人数众多，势力不小，其成员遍布于中、东、南欧诸国。他们发明了一种颇为别致的单值代换型密码，在其内部成员之间频繁使用，互通信息。

谁都知道，九宫格与交叉十字是两种极为常见的记号。在墓碑、供桌、祭坛、华表、路牌等石头制品中尤其屡见不鲜。受此启发，他们便想到用两种九宫格与两个交叉十字来代表英语中的 26 个字母，如图 10-2 所示。

图 10-2

于是他们就可以用相应的图形来代表字母3。例如图 10-3 的一串密码，就暗示着英文字母。

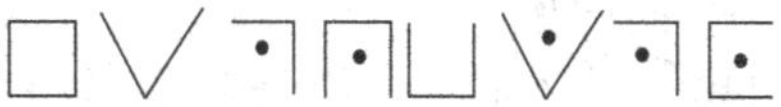

图 10-3

你猜什么意思？原来竟是“I love you”，就像手机里收到的短信息了。

有一天，在巴黎的一名石工收到了来自英吉利海峡（法国称为加来海峡）对面的一份密码，图形如图 10-4。

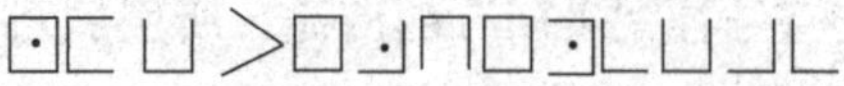

图 10-4

译成英语，其意思为 The King is dead（国王死了）。原来当时在位的英国国王死后秘不发丧，因此传出了这一秘密消息。

英国密码专家弗里曼孙（Freemason）对这种密码很感兴趣，他甚至还作了进一步发挥。他把十个阿拉伯数字，四则运算符号等也通过类似的图形来表示。其办法如图 10-5 所示。

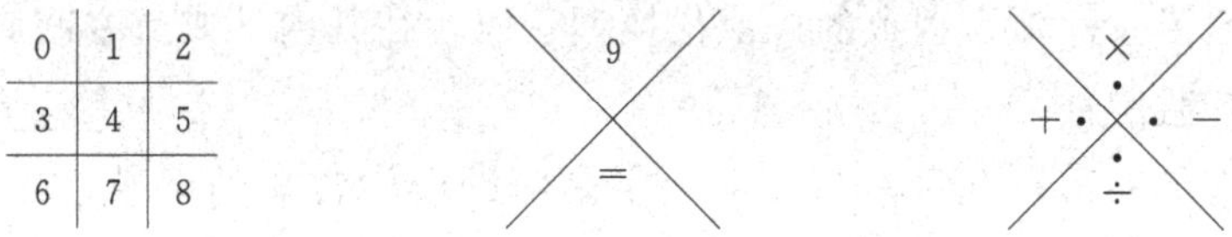


图 10-5

如图 10-6 所示，

图 10-6

把它破译以后，表示出来的算式就是

$$4\times6\div2+7=19$$

## 10.4 行话数字暗切头

中国生产火腿的地方，说多不多，说少不少。最有名的，当推云南宣威与浙江金华。

金华火腿盛产于浙江省金华、兰溪、东阳、义乌、永康等地，从前是地方大官孝敬皇上的“贡品”。据说，“红顶商人”胡雪岩每回进京，都要拨出一笔专款，大量采购。

金华火腿的腌制起源于南宋。据说是抗金名将宗泽率领大军北征，经过家乡义乌时，买了猪肉，请乡亲们腌制后带出去作为行军干粮之用。所以，从前在火腿行里一般都高悬着宗公的画像，顶礼膜拜，保佑他们生意兴隆通四海，财源茂盛达三江。

从前，商人们谈火腿生意，做交易，讲盘子，用的几乎全是暗语，局外人根本听不懂。例如，姓吕的客户称为“双口”，姓马的则叫做

“四腿儿”。

至于记账、谈价钱、付款等要害环节，所用的数目字那就更奇妙了。按照规矩，一律用“由中人工大，王伍井草非”来代替一二三四五，六七八九十，真是妙不可言。

现在让我来给读者们解释一下，为什么“井”代表8，“草”代表9，其道理何在。

看一看图10-7，你就会恍然大悟，原来，“井”字正好有8个出头，而“草”字则有9个出头。

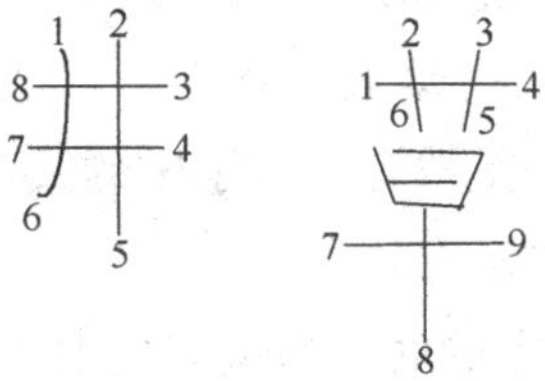


图 10-7

这是密码技术在中国宋、元、明、清时代的具体应用，而火腿商人们心领神会，充分说明他们的“智商”很高、“悟性”很强了。

为何要拈出“悟性”两字，原来，我们的汉字里头确有许多封闭图形，如田、园、国、围、囚、图、圄……最后面的三个字更加形象，简直就是把人关在牢房里，都说汉字是象形文字，看来这个说法很有道理。

另外，还有一些汉字的形状是半封闭构形，如冈、同、风、凤、凰、冏……好比大军压境，围住了三面，却存心网开一面，好让城里的人逃走。

了解与掌握这些知识之后，才能理解破墙而出的树枝或犄角所代表的数字“身价”，当然，不光是商业行为，洪门、三合会，一些反清复明的秘密结社都在研究利用。

旧社会号称有三百六十行，自然不会每种行业都有黑话。据山东省文史馆的一位刘老先生介绍，当铺的数字密码（有个专门名词，叫做“暗切头”）是

由中人工大

天夫井羊非

可见同火腿行是有些出入的。

至于挑脚、抬轿子的“暗切头”则是

挖竺春罗悟

交化翻旭田

原来，他们的思路有所不同，是用藏在字中的数字或同音字来表示数目的。譬如，“挖”字里头藏着一个1的同音字“乙”，于是“挖”就代表“1”，“罗”字的上半部分为“四”，所以代表4。经过这样一番指点，读者们自然就会恍然大悟了。

至于米行，他们的数字暗切头为

旦底、断工、眠川、横目、缺丑、

断大、皂底、分头、丸空、田心。

这里采用的密码编法是取舍一个字中的某些笔画或改变一下某个字的状态。下面让我来稍加解释：

“旦底”是指“旦”字的底，当然就代表1；“眠川”的意思是要把“川”字横过来看，岂非就是“三”，故而就代表3。“分头”是指“分”字的头部，便是“八”，于是代表8。“田心”则为“田”字的中心，即“十”，从而代表10。

至于五金行业，则用

棕红橙黄绿

蓝紫灰白黑

十种不同的颜色来代表1、2、3、4、5、6、7、8、9、10令人不禁想起，20世纪五六十年代以前，也曾用过此种办法来表示电阻的数值。

马戏、杂技、武术、镖行这些行业以前名叫“卦门”，他们的数字暗切头是

柳月汪在中

神形张丈菊

至于为什么用这些字来代表与之相应的数目呢？那就很费解了，有人说，因为“月”字中间有“二”，所以表示2，“汪”字的左边为“三点水”偏旁，故而代表3，这还勉强可以说通，然而，别的字就无论如何解释不清楚了，就连山东文史馆的这位刘老先生也不知其来龙去脉了。

## 10.5 一串数字寄相思

据民间传说，司马相如和卓文君结为夫妇后，从四川成都北上长

安，进京为官，大遂平生之愿。尤其是司马相如为被废的皇后陈阿娇作了《长门赋》，企图让汉武帝思念旧情，回心转意，事情虽未办成，但司马相如已是天下闻名的大才子了。

却说司马相如拿到了陈皇后的千金重酬，钱多得简直用不完，于是忘乎所以，连家信都懒得写了。卓文君思念丈夫，巧妙地应用一串数字写了一首词寄给他，以表达自己的无限思念之情。下面暂且把数字隐去，请你做一个别开生面的填充法。

○别之后，○地相思，只说是○○月，又谁知○○年。○弦琴无心抚弹，○行书无信可传，○连环从中折断，○里长亭我望眼穿。○思念，○思念，○般无奈叫苍天，○言○语把君怨，○无聊赖，○倚栏杆。○月重阳看孤雁，○月中秋，月圆人未圆。○夕银河鹊桥断，○月炎天，人人摇扇我心寒。○月端阳，怕把龙舟看，○月霜芽懒养蚕。○春风打桃花散，○地相思，○片痴心，梦里到关山。

这首词经过热心人捎带给司马相如。司马相如看了，十分感动，即速回蜀迎接卓文君，重践白头之约。

填入之数字，依次当为：

一、两（代二，下同），三，四，五，六，七，八，九，十，百，千，万；

万，千，百，十，九，八，七，六，五，四，三，两（代二），一。

可见填入之数，上一半单调递增，下一半单调递减。能做到这样程度，作词者真不愧为大才子之妻也。

但也不是全然没有可以指摘之处。“两地相思”一语，前后重复出现，未免美中不足。托名司马相如的故事，也不可靠，因为情词之中露出了两个破绽：八行书是后世盛行的尺牍，九连环是相当复杂而难解的智力玩具，西汉时代肯定不会有这两件事物。

话虽如此，它终究是古人所作，不论它出于何朝何代，总是难能可贵的。

## 10.6 教我如何不想他

“天上飘着些微云，地上吹着些微风。啊——微风吹动了我头发，教我如何不想他?”“月光恋爱着海洋，海洋恋爱着月光。啊——这般蜜也似的银夜，教我如何不想他？……”这首由刘半农作词、赵元任谱曲的打动人心的歌儿，从20世纪的20年代起直到如今，长久地被人们传唱着。

赵元任先生是我国著名的语言学家、音乐家，于1938年赴美。先后任夏威夷、耶鲁、哈佛、加州等著名大学的教授，从事教育事业60余年，桃李满天下。著名语言文字学家王力先生（现也已去世）就是他的学生，再传和三传弟子在海内外的不计其数。

赵元任先生于88岁高龄时回到故乡江苏常州，亲眼看到了家乡的巨大变化。我国领导人邓小平也亲切接见了他。他在北京时，还会见了胡乔木、钱昌照、周培源、吕叔湘、王力、侯宝林等知名人士，探讨学术、畅叙友情。

赵先生应中国社会科学院的邀请，在北京小住时，人们曾请教他，《教我如何不想他》可不可以理解为一首爱情歌曲？赵先生回答道，也可以这样看，但“他”字可以是男的他、女的她，代表着一切心爱的他、她、它。这是因为，歌词是刘半农先生当年在英国首都伦敦写的，有思念祖国和怀旧的深情。

早在1910年，在430多名考生中，赵元任先生以第二名的优异成绩被录取为庚子赔款留美学生，进入美国康奈尔大学攻读数学，后又转入哈佛大学获得哲学博士学位。1920年，他回国任清华大学数学、物理兼心理学讲师，其后又赴法、德，改行研究语言学。由此可见，赵元任先生与数学是颇有渊源的。

有趣的是，就拿这首有名的歌曲《教我如何不想他》来说，也已被人编成算题

| | | | | | | | |
|---|---|---|---|---|---|---|---|
| | | | | | | | 他 |
| | | | | | | 想 | 他 |
| | | | | | 不 | 想 | 他 |
| | | | | 何 | 不 | 想 | 他 |
| | | | 如 | 何 | 不 | 想 | 他 |
| | | 我 | 如 | 何 | 不 | 想 | 他 |
| +） | 教 | 我 | 如 | 何 | 不 | 想 | 他 |
| | 何 | 何 | 何 | 何 | 何 | 何 | 何 |

由于这首歌曲实在太有名望，民国年间很流行，人人爱唱，所以权威性的日本《数理科学》杂志一经收到来稿，就立即发表了这道妙题。

按照约定，由相同的汉字代表相同的数码，不同的汉字代表不同的数码。那么，能不能运用逻辑推理手段，把这个别开生面的算式破解出来呢?

由于此题趣味十足，所以自然有人自告奋勇、马不停蹄地去研究。容易看出，式子里头的“他”是不能等于5的，否则，“何”也将等于5，违反了约定。

另外，“他”也不能等于0，1等，这也很容易看出来。“他”又不能等于7，因为7×7=49，“何”将等于9，进上一位4，由于9−4=5，但要使“想”的6倍等于5，这是不可能的。

这样逐一排除的结果，“他”只有唯一的可能性，即等于6，“突破口”一旦找到，本题即可迎刃而解矣。

答案是

$$\begin{array}{r} 6 \\ 36 \\ 836 \\ 2836 \\ 72836 \\ 572836 \\ +1572836 \\ \hline 2222222 \end{array}$$

“教我如何不想他”还有一个很特异的地方值得指出来，从左到右，每次删去一个字，句子将会越来越短，但它们统统都可以独立成句，从一字句，二字句……直到七字句，这也是很少有的现象，足见作者深厚的汉语功底。

这首歌曲当年非常轰动。有一天，一位青年朋友来访赵先生，刚好刘半农也在座。赵先生就把刘半农介绍给这位青年：“这位就是‘教我如何不想他’的‘他’。”青年大惊：“原来竟是一个老头!”大家哄然大笑。刘半农后来编了打油诗一首以道其事：

教我如何不想他?
请进门来喝杯茶。
原来如此一老叟，
教我如何再想他?

难怪当年号称“幽默大师”的林语堂先生听到此事后，也要拍案叫绝了。

当年军阀混战，割据一方，旧中国贫穷落后，民不聊生，农村与中小城市中的青壮年，过半皆是目不识丁的文盲。有人却毫无道理地归咎于古老相传的中国文字，认为要用拼音文字代替，彻底废弃汉字。

这条道路走得通吗？赵先生是个极富于洞察力的人，他有意编写了两段非常有意思的短文。

其一名叫《施氏食狮史》：

石室诗士施氏，嗜狮，誓食十狮。氏时时适市视狮。十时，适十狮适市。是时，适施氏适市。氏视是十狮，恃矢势，使是十狮逝世。氏拾是十狮尸，适石室。石室湿，氏使侍拭石室。石室拭，氏始试食是十狮尸。食时，始识是十狮尸，实十石狮尸。试释是事。

让我们根据《新华字典》的标准汉语拼音，将上面一段短文的第一句，标记如下：

shí shì shī shì shī shì，shì shī，

shì shí shí shī。

请看，这岂不成了“天书”吗？即使请密码破译专家前来尝试，也要束手无策了。

还有一段短文，名叫《漪姨》，知道的人，就比较少了：

漪姨倚椅，悒悒，疑异疫，宜诣医。医以宜以蚁胰医姨。医以亿弋弋亿蚁。仪蚁殪，蚁胰溢。医以亿蚁溢胰医姨，姨疫以医。姨怡怡，以夷衣贻医。医衣夷衣，亦怡怡。噫！医以蚁胰医姨疫，亦异矣；姨以夷衣贻医，亦益异已矣！

方今汉语已经走向世界，汉字虽然为数众多，在电脑时代，其信息处理已经完全不成问题，凸显出来的优点，比起拼音文字来实在有过之而无不及。人们于此，实在不能不叹服赵元任先生的先见之明了。赵先生长着一颗数学脑袋，有卓越的特异思维，敢于力排众议，真是“众人皆醉我独醒”啊！

## 10.7　桃花源石碑诗

旅游号称“无烟工业”，现在大家都已深知其重要性了。但如果把

它看成“摇钱树”，靠山吃山，靠水吃水，门票一再涨价，那就无异自挖墙脚了。

其实，旅游也是一项“文化苦旅”，遇有值得一记的人和事，就应该记录下来，否则往往失之交臂，那就是“入宝山而空还”了。古人把“读万卷书”与“行万里路”相提并论，确是大有见地的。

记得有一年，笔者应邀去“山水甲天下”的桂林开会，途经湖南。那时尚是20世纪80年代前期，物价便宜，所费有限，在路上遇到不少大学生，都是出来自费“穷”游的，同现在时兴的“背包客”、“睡袋客”差不多。

大家来到不肯为五斗米折腰的陶渊明先生笔下所描写的避秦胜地桃源县（一说《桃花源记》所指的地方是安徽黄山脚下的黟县），在该地遇仙桥头的石碑上，镌刻着一首闻名遐迩的、看不懂也读不通的怪诗：

机时得到桃源洞

忘钟鼓響停始彼

尽闻会佳期觉仙

作惟女牛底星人

而静织郎弹斗下

机诗赋又琴移象

观道归冠黄少棋

正好七七四十九字，在石碑上形成一个正方形，看上去非常之美，许多人不请自来，形成了一个景点。大家看到石碑之后，不免议论纷纷。

许多人感到莫名其妙，自愧古文功底不深，只好知难而退，倒是几位理工科大学生看出了一点蛛丝马迹，他们发现其中似乎嵌有牛郎织女等字眼，于是猜透了其中的玄机，原来这首诗应该从里到外，按顺时针螺旋方向来读诵。

不过，即便是这些看出破绽的大学生也觉得问题不好办。因为按理说，律诗应该有八句，7×8=56字，现在只有49字，还差7字。一算细账，不对头了。

后来我告诉他们，要用添字法才能读通这首诗。不过，所添的7个字只要做到心中有数，不必形诸笔墨。因为，每句中的最后一字都是由

“两部件”汉字合成的，只要省略一个部件，另一部件便是下一句中的第一字。所以，原诗的读法应是：

牛郎织女会佳期，
月底弹琴又赋诗。
寺静惟闻钟鼓響，
音停始觉星斗移。
多少黄冠归道观，
见机而作尽忘机。
几时得到桃源洞，
同彼仙人下象棋。

诗中各字，原本当然全部都是繁体字，为了读者阅读方便，这里已多数改成简化字。但特别声明，繁体的“響”字是不能改成简体的“响”字。如果随便妄改，那么，规律就被破坏了。

原诗的作者肯定不会学过对数螺线、等角螺线或者阿基米德螺线的，但却不自觉地把其原理用进文学创作中去，真是奇哉怪也！凡是人类脑海里创造的东西，甚至数学与文学，也是同出一源的。

## 10.8 回文等式一担挑

常言道：“物以稀为贵”。东西多得一担挑，身价自然就降低了。奇怪的是，我首次听到“一担挑”这个典故，却是用在至尊至贵的“皇帝”头上。大家想一想，怪也不怪？

话说《飞龙传》里描写宋太祖赵匡胤的先世，有着这样一段话：“……后因石敬瑭拜认契丹为父，借兵篡位，灭了后唐。赵宏殷弃家逃难，在一担中挑了两个儿子。途中遇一异人，叹道：‘世上人道无天子，今日天子一担挑。’”这个异人，据说就是隐居西岳华山的陈抟老祖。宋朝皇帝赌输了棋，就把华山抵押给他了。

回文在中国的历史很悠久，最早可以追溯到春秋战国时代。《孟子·梁惠王》中有句：“老吾老，以及人之老，幼吾幼，以及人之幼”。“老吾老”、“幼吾幼”这两个短语，就都是回文。在日常生活中也会遇到这种修辞手法，如杭州西湖有几家餐馆，就叫做“楼外楼”、“山外山”、“天外天”。

苏州评弹开篇《莺莺操琴》，音调铿锵，十分动听，像是辘轳连转，回环吟诵，所使用的实际上就是清代女词人吴绛雪所写的一首回文诗，诗云：

香莲碧水动风凉，水动风凉夏日长。

长日夏凉风动水，凉风动水碧莲香。

新加坡大学老校长潘受先生的一首《菩萨蛮》回文词，描写校园风光，读起来也令人大为动容：

晓窗山闹枝啼鸟，鸟啼枝闹山窗晓。云白莽氤氲，氲氤莽白云。

院边湖外馆，馆外湖边院。松径一声钟，钟声一径松。

正是因为回文的这种奇妙结构，引起了数学家们的注意。著名数学科普大师，美国的马丁·伽德纳（Martin Gardner，1914～2009）先生曾广泛搜集英、美文学中的一些回文章句，在《科学美国人》杂志上发表过一篇奇妙的长文章，引起了学术界人士的浓厚兴趣。中国科学院院士、著名数学家王梓坤先生对之也情有独钟，他曾在天津一家杂志《科学与生活》上撰写过专门讲回文的小品文，清新妩媚，俯仰生姿，而且字字有来历。王先生的古典文学功底之深，在科学界是罕见的。纵然还不能讲“凤毛麟角”，但绝对是难能可贵，因而绝不是“一担挑”了。

数学往往能创造奇迹，从干巴巴的数目字出发，生发出令人目瞪口呆的结果。下面不妨来看一个例子。让我们把最平凡不过的前八个自然数1，2，3，4，5，6，7，8分成两组，要求每组各有四个成员，不重不漏，全部覆盖，而且和数还必须相等。自然，这是一桩易事，很易办到，并且方法很多，不足为奇。例如，(8，5，3，2) 与 (7，6，4，1) 便是符合要求的两组，不妨称为A组与B组。请看

$$8+5+3+2=7+6+4+1=18$$

$$8^2+5^2+3^2+2^2=7^2+6^2+4^2+1^2=102$$

由此可见，对这两组数目来说，不仅和数相等，而且平方和也相等，但这不足为奇，出人意料的事还在后头呢。

我们在A组中取第一数，从B组中也取第一数，用它们组成二位数87；接着，又从两组中各取第二数，组成二位数56；再用类似的办法得出34与21。随后，又自右至左倒读，写出它们的回文数。于是，我们惊讶地发现，有两个奇妙的等式竟能成立

$$87+56+34+21=12+43+65+78$$

（左、右两边之和都是 198）

$$87^2+56^2+34^2+21^2=12^2+43^2+65^2+78^2$$

（左、右两边之和都是 12302）

也许你们会感到惊喜，你们或者不会就此止步，还想进一步做试验。好！这次就让我们变个道儿来瞧瞧，从 A 组取第一数，B 组取第四数，再从 A 组取第二数，B 组取第三数……从而得出四个二位数 81，54，36，27，此时取它们的回文数，当然便是 72，63，45，18 了。

计算结果，猜想居然再次成立，也就是说

$$81+54+36+27=72+63+45+18,$$

$$81^2+54^2+36^2+27^2=72^2+63^2+45^2+18^2$$

最后，让我们索性采取“打乱仗”的办法，即从 A，B 两组中随便取数，不讲究什么顺序（当然已取过的不能再取），以之组成二位数。可是，尽管如此大乱章法，上述的奇妙性质却“顽固地”照旧不变，例如

$$84+37+56+21=12+65+73+48,$$

$$84^2+37^2+56^2+21^2=12^2+65^2+73^2+48^2$$

任凭你们去交叉搭配，共有 24 种不同方式。可是，这 24 个回文等式竟然全部一对一对地成立，无一例外！

一举成立 24 个等式，岂非“回文等式一担挑”吗？

自然数中充满着奇迹！随着电脑的日益升温和全面深入渗透，它们好像是深藏在海底的大鱼，一个又一个地被钓出来了。

朋友们，你们愿意做渔夫吗？

## 10.9 美国人写草书的绝招

假定你没有指名道姓，不打算专门认定什么人，而只是笼统地说说，那么，你最好使用“张三李四”做主语，这样一来，就不会有人来主动“对号入座”、找你的麻烦了。

甲乙丙丁、张三李四、赵钱孙李，说法虽然略有不同，基本意思是差不多的。大家都知道，宋朝皇帝姓赵，中国古代家喻户晓、妇孺皆知的一本启蒙课本《百家姓》据说就是北宋时期无名氏所编的。该书收集

了单姓四百零八个，复姓三十，读起来朗朗上口，便于记忆，因此历代版本极多，流传甚广。

明太祖朱元璋曾做过皇觉寺的小和尚，取得天下后，认为世道早已改变，岂能仍旧让姓赵的坐上第一把交椅？于是便组织了一批御用文人，编好了一部《皇明千家姓》，改“朱”为第一姓。清兵入关后，坐定了江山，清朝皇帝倒是有点不好意思，另外“爱新觉罗”的字数太多，无法与别的姓氏并列，于是脑筋一转，孔子不是“万世师表”，被民间尊为“至圣先师”吗？当即传下圣旨，改成以“孔”为首。然而，奇怪的是，明、清两朝的钦定姓氏课本，却是始终推广不起来。辛亥革命后，取消帝制，连这样的书都几乎绝迹了。俗话说得好：“强扭的瓜不甜”，倒是表现得淋漓尽致呢。

在带点权威性的著作《中国姓氏寻根》上说，中国张姓人口有一亿多，占总人口的十分之一以上，是全国人数最多的姓。但是也有别的统计材料说，人口最多的是李姓，其次是王姓，而张只占第三位。无论说法如何，总而言之，其绝对人口数字，合计起来，大约总是在二亿五千万人以上，确实是令人惊讶的。

历代均有姓张的名人，如曾经行刺过秦始皇，后来成为汉高祖刘邦的大功臣，名列“三杰”之首的张良；东汉的大科学家，发明“地动仪”的张衡；《三国演义》里头的名将张飞。创立道教的张道陵（第一代张天师，至今江西龙虎山仍为旅游胜地），明朝的宰相、改革家张居正，等等，简直无法列举。

到了近代，赫赫有名的姓张名人依然非常众多，如大名鼎鼎的张学良将军、抗日英雄张自忠［北京、上海均有（张）自忠路来纪念他］，以及中国共产党的早期领导人张闻天等。不过如今的年轻人对上述这些人名，也许早就生疏了，使他们或她们感兴趣的兴许是另外一些姓名：女作家张爱玲，香港著名影星张曼玉，还有跳楼自杀的张国荣，以及电影导演张艺谋，等等。

在这些姓张的人中，有一个人年纪活得很大，而且精力旺盛，到老不衰，此人就是国民党元老张群，曾当过四川省政府主席。他在 96 岁时，站立、行走都不需要别人搀扶，走路也不拄拐杖。他曾编过一首“不老歌”，在台湾南、北各地广泛流传，同另一位向往祖国的爱国老人于右任先生一样，影响不小。

歌词如下：

起得早，睡得好；
七分饱，常跑跑；
多笑笑，莫烦恼；
天天忙，永不老。

抗战时期，由于国民党政府的“陪都”设在重庆，来华的美国军政人员不少，同张群有较深交情的，自然也大有人在。也正是“无巧不成书”，1953 年，“五百年间好客易才出一人”的国画大师张大千移居南美洲阿根廷，次年又转到巴西，并在圣保罗市兴建了一座中国式的古典园林“八德园”。张大千号称“诗、书、画三绝”，他的书画畅销世界各地，被誉为“东张西毕”(东方张大千，西方毕加索)，久而久之，这个美国人也与他很熟了。

大家都知道，美国人一般是不会写汉字的，因为，东西方文明植根与发育在不同的土壤中，其差异实在太大了。然而，此人却别有一功，他不学则已，一学就会。竟在几分钟之内学会了书写草书的“张”字(图 10-8)，而且写得龙飞凤舞，居然很像明朝大书法家祝枝山的“狂草”，令人十分惊讶。

图 10-8

总算后来，他在真人面前不说假话，说出了他的“经验”与“领悟”：“我不过是用一笔把三又四分之十三$\left(3\frac{13}{4}\right)$这个带分数写出来而已。”

请看，分数线相当于一个“长划”，而分母上的阿拉伯数字 4，则有意倾斜了一个角度。

一语道破，着实令人大大地吃了一惊。希腊大哲学家毕达哥拉斯说过一句名言：“万物皆数也”，书法居然同数学有联系，你可曾想到过?!

## 10.10 含数字的对联

在中国文学中，对联可谓一朵奇葩。我国诗词歌赋韵文数量之多，流传之广，技巧之高，都居世界前列，而对联更是独树一帜。因为运用文字的技艺，无非意境、声律、造型三项，前两项各国都大同小异，算是共性，而在造型上，由于中文是由单个汉字所组成，为“对偶性”创造了极其有利的条件。表现在字面上，就是天对地、雨对风；在词类上是实对实、虚对虚；在声律上是平对仄、仄对平，恰似天造地设一般，这种技巧，是任何别的文字、语种所望尘莫及的。

古今圣贤豪杰文人墨客和平头百姓用“一、二、三、四、……、百、千、万”等数字，创作了成千上万副含数字的对联，指点江山，咏志抒怀，评古论今，说理道情，抨击邪恶，揭露贪虐，可谓字字珠玑，千金难换。真是文苑奇珍，值得流传后世。

搞数学的人一般不大重视文艺题材，然而华罗庚先生却是少有的例外。他的文学功底极好，尤其是做对联更为擅长。

1953年，他同著名学者钱三强、赵九章等人奉命指派出国考察，途中闲谈之际，华先生提出了上联：

三强韩赵魏

所谓三强，意带双关，一方面是指战国时期黄河流域的三个强国韩、赵、魏，另一方面却又隐含着钱三强的名字，这就意味着下联也要与之呼应，必须嵌入另一位科学家的姓名，难度极大，当时在座诸人中没有一人能对得出来。

“解铃还须系铃人”，结果仍是华先生自己读出了下联：

九章勾股弦

《九章算术》是古代的一本数学名著，而且“九章”又恰好是物理学家赵九章的大名。于是大家一致拍手叫好，满座为之倾倒！

古往今来，含有数字的上好对联为数极多，真是罄竹难书，下面我们也只能略为再举几个例子（如图10-9）。

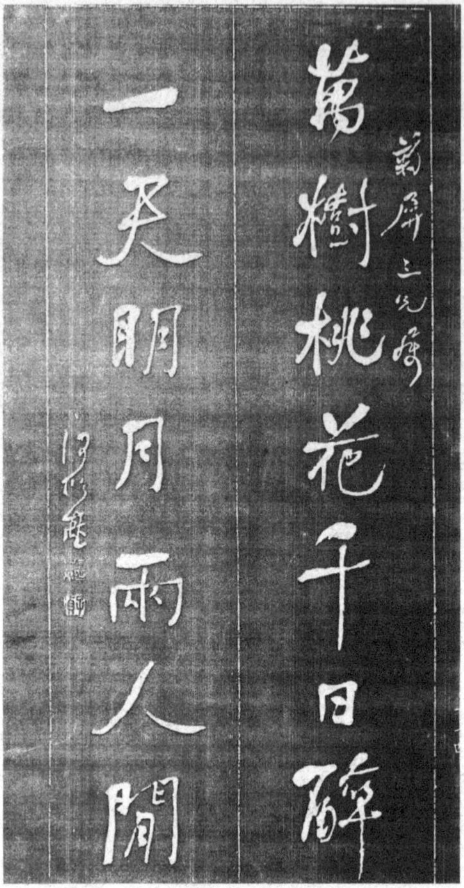


图 10-9

1851 年，由洪秀全、杨秀清领导的农民在广西金田村起义，北上进攻湖南、湖北，由长江顺流而下，经过两年奋战，打下了南京，建立了太平天国。在洪秀全的天王府大殿上，挂着一副用金字书写的对联：

虎贲三千，直扫幽燕之地；

龙飞九五，重开尧舜之天。

蒲松龄（1640～1715），字留仙，别号柳泉居士，清代大文学家，名著《聊斋志异》的作者，山东淄博人。郭沫若先生为其故居写了一副对联，一直为人称颂：

写鬼写妖高人一等；

刺贪刺虐入骨三分。

杭州西湖湖心亭上，昔时曾有一副对联，反映了社会最底层人民的声音。

四季笙歌，尚有穷民悲夜月；

六桥花柳，浑无隙地种桑麻。

苏州虎丘山花神庙，春时百花盛开，游人乐而忘归。寒山寺子夜撞钟，至今吸引着国内外的无数观光者，有联道其盛事云：

一百八记钟声，唤起万家春梦；

二十四番花信，吹香七里山塘。

那位到处游山玩水、自称“十全老人”的清朝乾隆皇帝爱新觉罗·弘历在他七十岁生日时，写了一副洋洋得意的对联：

七旬天子古六帝，

五代曾孙余一人。

他简直像是一位统计学家，翻查了史书记载。活到 70 岁的皇帝，只有六人：其中汉武帝刘彻活了 70 岁，梁武帝萧衍活了 86 岁，武则天女皇帝活到 82 岁，唐明皇李隆基活了 78 岁，明太祖朱元璋活到 71 岁。另外还有一个，即元世祖忽必烈。在他之前的六个皇帝，福气都远远比不上他。

纪晓岚是《四库全书》总纂官，他曾献给乾隆皇帝一副祝寿联，竭力称颂了大清盛世的皇朝版图“空前之大”，并巧妙地运用了“减法”，从而打破了历来无人敢用的“禁区”：

四万里皇图，伊古以来，从无一朝一统四万里；

五十年圣寿，自今而后，尚有九千九百五十年。

纪晓岚真不愧为制作数字对联的第一流高手，大家不妨仔细观察捉摸，就会发现它以空间对时间、皇对圣、伊对自、古对今、无对有、一对九，严谨划一，一一对应，纹丝不乱，数字对联能做到如此出神入化的地步，真是难为他了！

## 10.11 灯谜与数学

灯谜在我国有着悠久历史。我国各省、市、自治区，港、澳、台以及海外侨胞，都十分喜欢灯谜。在美国各地的唐人街，每逢春节和元宵节，有些人就要模仿《红楼梦》里的习俗，举行猜谜会，在日本和东南亚华侨中，也有这类活动。好多报纸和杂志上都设置灯谜专栏，甚至在一些博览会上也搭起了猜谜台。凡此种种，都足以说明灯谜作为文化遗产，不仅源远流长，而且是深受群众欢迎的。

在一般人的心目中，制作和猜射灯谜，离不开语文、历史、地理……方面的知识，至于数学则似乎是与灯谜风马牛不相及的。其实数学与人们的任何一个生活领域都有关系，猜谜是人类思维活动的一个侧面，又岂能离开数学。

让我们来分分类，并且各举出一些实例来看看。

**1. 加法**

“千里草，何青青；十日卜，不得生”（打一三国人名）。谜底是“董卓”。因为“千里草”拼起来就是个“董”字（当然“草”要用其部首艹），而“十日卜”加起来就是个“卓”字。这则谜语是东汉末年抨击董卓专权、诅咒他早点灭亡的一首著名童谣。

“上面一个洞，下面一个洞，上洞加下洞，还是一个洞”（打一字）。

谜底是个“穽”字（阱的异体字）。上面的“穴”字表示一个洞；下面的“井”字，实质上也是一个洞；两者加起来，成为陷穽的“穽”字，还是一个洞。

**2. 减法**

有人摘取杜甫的诗句，出了一个谜，谜面是“无边落木萧萧下”（打一字）。谜底是“日”字。为什么呢？这需要懂点历史。我国历史上有个“南北朝”。南朝有四个朝代，即宋、齐、梁、陈。需要指出的是，这个宋朝，皇帝姓刘，不是赵匡胤的子孙，而远在隋、唐、五代之前。齐、梁两个朝代的皇帝都姓萧。“萧萧下”意思是暗指齐、梁之后的朝代，也就是一个“陳”字。再对“陳”字逐步地施行减法：“无边”就是去掉“阝”边旁；“落木”就是要在剩下的“東”字中再去掉个“木”字，这样，最后的结果不正好是个“日”字吗？

又如“春雨连绵妻独宿”（打一字），也属于这一类。“雨连绵”就是没有出太阳，“春”字就该减去个“日”字，“妻独宿”也就是丈夫不在，于是把“春”字的上半部分再去掉个“夫”字，剩下来是个“一”字。这就是谜底。

**3. 叠加**

如谜面是："一个字，加一笔变成另一字，再加一笔再成一字；加一笔，又成一字，还要加一笔，还要成一字，最后加一笔，仍得一个字(共打六个字)。"谜底是"口、日、旦、亘、車、軋"(这是连锁方面的例子)。

"有一个字，加一点变成另一个字；加二点变成别一字；加三点又成另一字；加四点则又得一个字（共打五个字）。"谜底是"木、术、米、沐、杰（或沭）"(这是分叉方面的例子)。

**4. 对称**

"左看三十一，右看一十三，合起来是多少?"（打一字）谜底是个"非"字。这是一个左右对称的字，这样的单字在汉字中为数不少，如"北"、"門"等。台湾省的学者冀家琳在汉字信息化的设计方案中还为之设计了一个专门字键呢。

**5. 守恒**

"一字分两边，左右来对调，结果还是它，你说怪不怪?"（打一字）谜底是"够"字。左右对调后，仍是这个字（够、夠通用）。

**6. 特殊形状**

"一字十一笔，无横又无直。"

谜底是"淡"字。这个字在一般汉字中相当特殊，本谜需要从笔画线条形状的角度来猜射。

**7. 逆推**

这种谜语比较难猜，但趣味很浓，下面举三个例子略加说明：

**例 1** 谜面是"｜｜｜｜"（打一字）。谜底是个"置"字。你看，把"置"字拆开，就是"四直"，与谜面扣合得很紧。

**例 2** 谜面是"日"(打一字)。谜底是个"畔"字。聪明人一眼可以看出，"日"者，"田"之半也。真是妙不可言。

**例 3** "爿"（打一字)。谜底是"版"字。因为"爿"者，"片"字之反也。

这类谜语，如中学生做平面几何题那样，用的是逆推方法。

**8. 交集**

它也是数学气息很浓厚的灯谜。

**例1** “夜间有，白天没；梦里有，醒来没；死了有，活时没；多则有两个，少则没一个”（打一字）。谜底是个“夕”字。须知，我国汉字里头许多都带有几何结构特点。在“夜、梦、死、多”这几个字里，都包含着“夕”这个部分结构。或者用数学语言说，就是集合里头的子集。

**例2** “提倡晚婚，个个有份”（打一字）。谜底是个“日”字。你看，在“提”、“倡”、“晚”、“婚”四个字中，每个字中都有个“日”字，因此，既然说：“个个有份”，那么要猜的字无疑是个“日”字了。

除了字谜外，其他人名谜等也往往是“一面多解”的。著名武侠小说作家梁羽生先生曾举过一个极有趣、极有名的例子。谜面是“日本投降”（指1945年8月15日第二次世界大战结束）（打一古代人名）。

谜底是“苏武”，其意乃指苏联出兵，击溃了日本关东军，于是促使了日本的投降；

但也有人提出了正确答案应是“屈原”，解作日本投降是由于美国在广岛和长崎投下了二颗原子弹；

如果与二十四个谜格中的“脱帽格”相结合，则谜底却是“李世民”（即唐太宗）。奇怪，这是为什么呢？原来，根据“脱帽格”的猜法，要先把第一字“李”去掉，然后解作世界人民的力量使日本投降了。

## 10.12 完美的英语数词

我们知道，任何语言中都有数词，如中文的一、二、三、四、五、……英文的one，two，three，…几大外语（英、德、法、俄、意、西）里的数词，都是由字母构成的。

有位数学家兼语言学家，是留美前辈赵元任先生的弟子，又是常州乡亲，他突发奇想，有没有可能存在下列等式

$$O+N+E=1$$
$$T+W+O=2$$
$$T+H+R+E+E=3$$

其中等式左端的那些字母，可以取某些特定的数值而能使等式成立。

按照一般人的习惯，字母都取整数值，不取分数、小数、无理数。于是，从方程 O+N+E=1 中可以看出，某些字母是必须取负值的，另外，不同的字母理应取不同的整数值，这也是理所当然。

在 O+N+E=1 这个式子中，如果把 N、E 看成自变量，把 O 表为它们的函数，于是就有 O=1−N−E，然后再由 NINE=9 和 TEN=10，推出 I=9−2N−E，T=10−N−E，由于我们希望 T+W+O=2，从而可以导出 W=2−O−T=2−（1−N−E）−（10−N−E）=−9+2N+2E。

不过，你可要小心。若取 E=4，N=2 的话，那样将会算出 T 的值也等于 4，同 E 发生了雷同，当然这是不允许的，所以，你只好另起炉灶，重新开始，对字母赋以别的数值。

这桩事情说说容易，实际做起来是极其困难的——工作量大得惊人。如果把它出成一道“奥数”题目，给中、小学生去做，那恐怕十有八九的人要“交白卷”。

然而，仍然有着喜欢动脑筋的人间精灵在为之寻找答案，并且交出了相当满意的一份答卷。有人研究出了以下 16 个英语字母的赋值

| | | | |
|---|---|---|---|
| E=3， | F=9， | G=6， | H=1 |
| I=−4， | L=0， | N=5， | O=−7 |
| R=−6， | S=−1， | T=2， | U=8 |
| V=−3， | W=7， | X=11， | Z=10 |

这么一来，从 0 到 12 的 13 个英语数字都有了完全准确的等式，好比是“双保险”一样。下面不妨随便找几个例子来验证一下：

ZERO （0）

Z+E+R+O=10+3+（−6）+（−7）=0

SEVEN （7）

S+E+V+E+N=（−1）+3+（−3）+3+5=7

TWELVE （12）

T+W+E+L+V+E=2+7+3+0+（−3）+3=12

这种研究还可以推广到法语和德语，而且其效果比英语还要好得多，覆盖面更广。不过，意大利语、俄语、西班牙语等尚未取得成果，要想搞出些名堂，并不是轻而易举的。

## 10.13 深水抓大鱼——趣谈数学同英语的联系

3+X是教育界近来讨论的热门话题之一。有一个看法大家的认识比较一致：不论X是什么，数学与英语总是在3里头的，永远是主科，不会动摇。

然而，谈到这两门学科之间究竟有什么瓜葛，恐怕大多数人就谈不出多大名堂了。因为长期以来，人们总是认为它们“河水不犯井水”，“各管各”，互相不搭界，真是“各人自扫门前雪，休管他家瓦上霜”呀！

这使我想起了外国的一桩趣事，已被数学科普大师马丁·伽德纳先生记录在案。据说，美国某州有个老糊涂，他的记忆力糟糕透顶，平常办事，总是丢三落四，是个十足道地的“马大哈”。但此人神志清醒，并未患上老年痴呆症。而且，他名下的钱也是很多很多，大部分存银行。取款必须用密码，这是常识。生活中我们不是经常听到，由于忘记了密码，取不出钱而十分狼狈吗？我们的工商银行，一般使用的密码不过四位或六位数，尚且有人忘记，要花钱去查询。而美国银行使用的密码是长长的十位数，按理说，忘记的事例理应成倍增多。然而，奥妙的是，那位“马大哈”百万富翁却从来不会忘记。更加奇怪的是，他从来不把该密码偷偷记在什么秘密的地方，也根本不去下工夫把它背熟。要用的时候，他在一张废纸角上稍稍涂抹一番，号码就被“加工”出来了。请问：他究竟用的是什么密码？他想出了什么好办法、好窍门呢？

一旦说破，人们就会恍然大悟。原来，他是先把自然数1，2，3，4，…，8，9，还有那个印度人首先使用的0变换为英语单词One，Two，Three，Four，…，Zero，然后再按辞典上的字母顺序排列（见图10-10）。

| | |
|---|---|
| Eight | Seven |
| Five | Six |
| Four | Three |
| Nine | Two |
| One | Zero |

图10-10

然后重新转变为数字，这样一推一拉之后，十位数的密码8549176320就轻而易举地得出来了。这不是立等可取、立竿见影，既不要写，又不要背的好办法吗？通过这样一桩小事，也可以看出应用数学是遍地开花、无处不在的！

## 10.14 数学与建筑

现在非常强调“眼球经济”，尽管建筑师队伍强手如林，也必须绞尽脑汁，使自己的设计产品与众不同，只有这样，才能为自己争得一席之地。

澳大利亚的悉尼歌剧院是当地著名的标志性建筑，妙就妙在它是别出心裁的。

“流水别墅”誉满全球，但它并不是造价上亿美元、高达几十层楼的摩天建筑，同吉隆坡的双子塔、上海的金茂大厦根本不是同类，没有可比性。

建在日本东京的“脸型屋”是模仿人的“面孔”设计的象形建筑，造价很低，看了之后使人哈哈大笑，但在日式建筑中，却是一项很成功的、惹人注目的独特设计。请看图10-11：两只眼睛是窗户，鼻子是阳台。张开的血盆大口，原来是这幢房子的“大门”，住在里面的人觉得异常舒服。

图 10-11

位于法国首都巴黎市中心的卢浮宫赫赫有名，地处塞纳河边，原为法国王宫，现在作为博物馆向公众开放。美籍华裔建筑大师贝聿铭曾应邀为罗浮宫中央广场设计一座建筑，贝先生慨然允诺，果然他不负众望，设计出了一个晶光灿烂、熠熠生辉的玻璃金字塔（图10-12），在夜间的灯光照射下，看起来真像一颗棱锥状的宝石。它与周围的古典宫殿融为一体，非常和谐协调。

为什么要造金字塔？贝聿铭说到点子上去了，他说：“其实金字塔是基本的几何形体，也是最经典的几何形体。”现在，玻璃金字塔已经驰名世界，成为巴黎的象征、法国的象征了。

建筑号称立体的诗、无声的音乐，自然少不了对称美，说到这里人们会不由自主地想起印度的泰姬陵：典雅、肃穆、精致、和谐，不但有建筑物的左右对称和前后对称，而且由于水中倒影，还增添了上下对称。

图 10-12

除此之外，西方大教堂也提供了不少范例，有名的英国威斯敏斯特教堂（Westminster Abbey，别译“西敏寺”，图 10-13）是由末代盎格鲁萨克森王在 1040 年修建的，望之凛然，令人敬畏神明，不敢存丝毫亵渎之念。梵蒂冈教廷代表着基督教的主流历史与文化，在此可以看到与达·芬奇并称为“文艺复兴”三杰的拉斐尔和米开朗琪罗的杰作，它被认为是自然界里鹦鹉螺的最好仿品（图 10-14）。

图 10-13

图 10-14

1967 年在加拿大蒙特利尔举行了世界博览会，美国展览馆的大圆顶成为吸引人们眼球的头号建筑物。这种新型球面拱顶名叫短程线拱顶（geodesic dome），设计者是美国著名的建筑大师理查德·巴克明斯特·富勒（Richard Buckminster Fuller）。他把球面剖分为密集的三角形网格，用直线段近似地替代两点之间的最短弧线，从而使人们产生了一种

“球面”的感觉。富勒本人对自己的这种手法特别钟爱，因而一再使用，图 10-15便是一个建在山腰上、背景为美国洛杉矶市的短程线大圆拱。

图 10-15

甚至微积分的思想在建筑上也能有所体现，例如美国马萨诸塞州坎布里奇市有名的麻省理工学院，在圆形大礼堂弯曲屋顶下的空间有许许多多近似矩形（术语称为“曲边梯形”）的玻璃窗（图 10-16），从而十足体现了定积分的一项基本概念——求曲线下面积的办法，从而巧妙地表明了这所名牌大学是何等重视数学，并把它交付实际。

图 10-16